URBAN
LIVE

KB242260

No.2
BANGKOK

No. 2

LOCAL BUSINESS & TRAVEL MAGAZINE :
BANGKOK

LOCAL *business* **travel** MAGAZINE
no. 2 /contents :

LOCAL *business* **travel** MAGAZINE
no. 2　　/credit :

서울을 베이스로 만들어지는 도시감성 패션&라이프스타일 매거진 『어반라이크』를 발행해 온 어반북스가 2016년 가을, 새롭게 선보인 『어반 리브』는 각 호마다 한 도시를 선정해 소개하는 로컬 비즈니스&트래블 매거진입니다.

BANGKOK

1쇄 인쇄 2017년 1월 30일
4쇄 인쇄 2020년 1월 20일

발행처	(주)어반북스
발행인	이윤만
기획	김태경
글과 진행	천일홍, 이남호
편집	오지수, 이지현
사진	정유진
디자인	LOOKBOOKstudio
통역 및 안내	김주영
일러스트	김남윤
정보제공	이경민, 이원영, 이종섭, 정기훈
도움	신동경,
	강하미 · 박인혜 · 손꿉힌 · 한수진
	(어반 트래블러 1기)

CONTACT US
ADD. 서울시 서초구 바우뫼로 218 3F
TEL. 070-8639-8004 (편집, 판매, 취재, 주문, 광고 문의)
E.MAIL info@urbanbooks.co.kr
출판등록 2009.10.13
ISBN 979-11-950900-4-4
ISBN 979-11-950900-3-7(세트)
값 15,000원
Published by urbanbooks
Printed in the Seoul
Copyright 2020. All rights reserved.

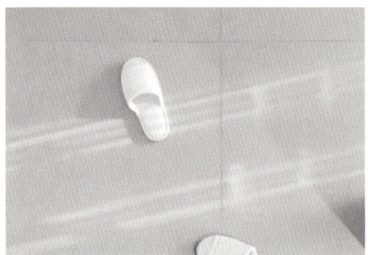

열정과 여유가 사이좋게 공존하는 도시로의 여행

한 걸음 천천히,

한 걸음 더,

방콕의 로컬, 현지인의

소소한 일상으로 향하는 특별한 여행

소박하고 활기찬 방콕의 면면을

경험할 수 있는 여행이 되기를!

두 번째 도시, 방콕Bangkok으로 인사드립니다. 방콕을 선택한 이유는 전 세계에서 몰려든 힙스터와 현지인들과의 조화로 생긴 다채롭고 활기찬 '기운'에 반해서입니다. 방콕을 방문하는 순간 느끼게 되는 더운 열기는 종종 청춘들의 거침없는 열정과 비유되기도 합니다. 날 것 그대로의 생동감은 신기하게도 도시에 발을 들이는 순간부터 곳곳에서 마주할 수 있습니다. 그만큼 에너지와 활력이 가득하다는 의미일 것입니다.

HELLO, BANGKOK

『어반 리브』가 도시의 작은 상점에 주목하는 이유는 뚜렷한 콘셉트가 담긴 자신의 공간을 운영하는 일이 순수한 열정과 뚝심이 없으면 좀처럼 버티기 힘든 일이라는 걸 너무나 잘 알기 때문입니다. 자신의 주관과 철학이 담긴 공간은 복사하듯 찍어내는 획일화된 대기업 중심의 비즈니스를 통해서는 존재할 수 없는 고유의 매력이 있습니다. 단순히 매출 증대와 명분 등이 아니라, 진짜 하고 싶은 일을 하며 맛보는 노동의 즐거움! 도시별 다양한 사례를 통해 그것이 무엇인지 발견할 기회를 독자 여러분에게 전달하는 것이 저희 어반 리브의 바람입니다.

이번에 방콕을 방문하면서 느낀 점이 있다면 어느 부분에서는 우리나라보다 앞서가는 부분이 적지 않다는 것이었습니다. 무조건적인 서구화를 추종하는 것이 아니라, 전통과 현재가 혼합되어 특유의 독특한 문화를 만들어가는 모습은 무척이나 인상적이었습니다. 어반 리브가 독자 여러분에게 전달하고자 하는 건 공간과 사람에게서 풍기는 분위기나 관계, 정신처럼 눈에 보이지 않는 그 안에 담긴 '감성'이라는 점을 기억해주시기 바랍니다. 수많은 여행 정보 중에서 어반 리브가 소개하는 장소라면 믿고 간다는 '신뢰'가 쌓일 수 있는 날이 가까워지길 기대해봅니다.

[방콕]

태국의 수도 방콕Bangkok의 공식 명칭은 '끄룽텝 마하나컨 보원 랏따나꼬신…'으로 일흔 글자나 되는 세계에서 가장 긴 이름을 가지고 있다. 이는 태국어로 줄여서 '천사의 도시Krung thep'를 뜻하는데, 이름처럼 여행자의 천국이라는 별칭이 있을 정도로 매력적인 곳이다. 전통이 느껴지는 불교식 사원, 왕궁, 아시아 최대 크기의 야외 마켓과 쇼핑센터, 생기가 넘치는 차이나타운, 이곳에서만 맛볼 수 있는 길거리 음식 등 다채로운 매력으로 세계적인 관광 도시로 자리매김했다. 세계적인 호텔 브랜드부터 개성 있는 게스트하우스, 그리고 부티크 호텔까지 다양한 형태의 숙박을 합리적인 가격에 이용할 수 있다는 것 역시 방콕이 가진 매력 중 하나. 하지만 우리가 주목한 건, 젊은 감성을 가진 소공상인들이 만들어 내는 방콕의 현재다. 배낭여행, 짜뚜짝 시장, 스파와 마사지 등 방콕 하면 쉽게 떠올릴 법한 여행의 목적에서 최근 태국의 감각적인 디자인과 센스로 무장한 공간, 그리고 식도락의 진화 등 휴식과 트렌드를 모두 포기할 수 없는 젊은 세대 여행객의 이목을 사로잡는 도시로 재탄생하고 있다.

위치 - 동경100°29′ 북위13°45′
면적 - 1568.7㎢ (한반도의 약 2.3배)
언어 - 태국어(공용어) + 영어(상용어)
시간대 - UTC+7
인구 - 8,280,925명 (2010년 기준)
기후 - 고온다습한 열대 기후. 11월에서 2월까지(건기), 3월에서 10월까지(우기)
평균 기온은 25~30℃ 사이.
화폐 - 바트 THB / B + 보조화폐 '사탕 Satang' 사용

HOLIDAYS OF THAILAND

태국의 공휴일	1월 1일	신정 New year's day
	2월 9일	만불절 Makha Bucha day
		부처가 제자들에게 설법을 전하며 예언한 것을 기념하는 날
	4월 13·15일	송크란 Songkran Festival day
		태국의 전통 설. 거리 곳곳에서 물축제를 진행한다.
	5월 1일	노동절 National Labour day
	5월 8일	석가탄신일 Visakha Bucha day
	5월 11일	권농일 Ploughing day
		새로운 농번기를 맞이해 행운을 비는 의식을 행하는 날
	7월 7일	석가모니 최초 설법 기념일 Asalha Bucha day
		불교의 사순절을 알리는 날
	7월 8일	입안거일 Khao Phansa day
		불교 최대 행사 중 하나가 진행되는 날
	12월 31일	연말 New year's eve
		매년 양력 마지막 날을 공휴일로 지정한다.

1

생소하기만 한,
끄렝짜이 문화

'끄렝짜이Krenjai'라는 단어를 직역하자면 '배려', '양보' 정도의 의미로 해석할 수 있다. 하지만, 태국에서 '끄렝짜이'란 배려 이상의 복합적인 의미를 가진다. 더 자세히 말하자면 태국 사람들은 불평이나 화 등의 부정적인 감정을 드러내는 것을 별로 좋아하지 않는다는 뜻이다. 단적인 예로, 식당에서 주문한 음식이 다른 음식으로 잘못 나왔거나 음식에서 머리카락이 나온 상황을 상상해보자. 만약 서울에서 그런 일이 벌어졌다면 손님은 버럭 화를 냈을 것이고 직원은 그를 보상하기 위해 진심 어린 사과와 함께 서비스 음식을 제공하거나, 돈을 받지 않는 등의 행동을 할 것이다. 하지만, 태국 사람들은 이에 대해 직원에게 어떤 불평도 하지 않는다. 음식이 잘못 나왔다면 잘못 나온 음식을 그냥 먹고, 머리카락이 나오면 머리카락을 빼고 먹는 식이다. 우리에게 너무나 익숙한 '돌직구' 표현이 이들에게는 상당히 당황스러운 감정이자, 때로는 무례일 수 있다는 것이다. 그러니 혹 방콕 여행을 할 때 이와 같은 상황이 벌어진다면, 그들을 '끄렝짜이'하는 마음으로 말을 건네자.

2

ENOUGH FOR LIFE

2016년 10월, 태국의 푸미폰 아둔야뎃King Bhumibol Adulyadej 국왕이 서거했다. 입헌군주제에 익숙하지 않은 우리는 감히 예상할 수도 없는 감정이지만, 장례 기간 1주일, 한 달 동안 음주 및 오락성 행사 금지, 1년의 애도 기간을 가질 정도로 태국 국민에게 국왕이란 아버지, 신 같은 존재였다고 한다. 태국의 지폐에도 국왕의 얼굴이 새겨져 있을 정도. 오직 국민만을 위해 삶을 살았던 국왕이 살아생전 경제 철학 개념으로 내세웠던 '충분한 삶ENOUGH FOR LIFE'은 삶을 대하는 태국인의 태도에도 깊은 영향을 끼쳤다. 경제적인 부를 쌓는 것보다 백성들의 화목과 절제를 강조했던 정신 덕분에 태국인에게는 큰돈을 벌어 성공해야겠다는 어떤 욕심이나 욕망이 없다는 것. 그저 자신이 처한 상황과 능력에 충분한 행복감을 느끼며 살아간다. 따라서 의사나 검사가 되어야만 성공한 삶이 아니라, 어떤 직업을 가졌든 간에 모두가 행복한 도시다. (심지어 의사와 일반 회사원의 월급 차이도 평균 10만 원 차이라고) 외적인 결과보다 내적인 평화를 추구하는 그들의 마음가짐은 우리에게 많은 것을 생각하게 한다.

3

자신을 사랑하는 법   앞에서 언급한대로 태국 사람들은 현재에 만족할 수 있는 여유와
긍정적인 기운을 지닌 이들이다. 그 덕분인지는 몰라도 방콕은
생활 전반에 녹아든 여유와 이른바 '힐링 코드'가 매력적인
도시이기도 하다. 그중 관광객의 이목을 사로잡는 '힐링'의 방법은
익히 알려진 타이 마사지, 스파, 아로마, 향초나 디퓨저 등 향 관련
제품들이 있다. 가설에 따르면 2500년 전 한 불교 승려에 의해
만들어졌다는 전통이 깊고도 전문적인 타이 마사지는 세계적인
명성을 누리면서 태국을 세계적인 관광지로 만드는 데 일조했다.
그러나, 우리가 방콕에서 '힐링'하기 위한 여행을 사랑해 마지않는
진짜 이유는 알고 보면 대단한 전통도, 마사지 기술도 아닌, 그저 쉴
새 없이 이어지는 일상에서 소홀했던 자신에게 주는 작은 선물이
아닐까. 정신적인 안정도 중요하지만, 혹사당하는 육체의 평온을
위한 호사를 합리적인 가격으로 누릴 수 있으니 말이다.

4

방콕의 맛   "마이 싸이 팍치!" 고수와 친하지 않은 관광객이라면 방콕 여행을
하면서 꼭 기억해야 하는 말이다. 태국어로 팍치, 그러니까
고수를 빼달라는 뜻이다. 그러나 오묘한 맛과 향의 고수처럼
방콕만큼 독특하고 매력적인 음식으로 가득한 도시가 또 있을까
싶다. 형언할 수 없이 특이한 향을 내는 향신료부터 우리나라
사람들에게도 인기가 많은 음식이자, 현지인도 사랑하는 길거리
음식 팟타이나 솜땀, 그리고 태국의 대표적인 가정식 카이찌여우
(태국식 계란부침개)부터 레스토랑에서 맛보는 태국 코스 요리,
외국인 거리에서 맛볼 수 있는 중국, 인도 음식까지. 이렇게 하나씩
나열하자면 끝도 없을 정도다. 태국 음식의 스펙트럼이 이렇게
방대해진 이유는 지리적인 위치와 그로 인해 주변 국가 특히 인도의
음식에 영향을 받은 음식, 그리고 다양한 민족이 어울려 살기
때문이라고. 그야말로 '먹는 게 남는 것'인 도시 방콕에선 그저
자신의 입맛과 취향에 맞는 음식을 고르기만 하면 된다. 아, 행복한
고민이 너무 길게 이어질지도 모르겠지만.

**BOTANICAL &
INDUSTRIAL**

에까마이Ekkamai나 통로Thong Lor, 아리Ari 등과 같이 방콕 내에서
쿨하기로 소문난 지역에 가면 '이게 정말 방콕이야?' 싶을 정도로
감각적이고 현대적인 디자인의 공간을 어렵지 않게 볼 수 있을
것이다. 그러나 이러한 곳에서조차 공간 구성에 거의 빼놓지 않는
것은 다름 아닌 식물, '보태니컬Botanical'이다. 작게는 화분이나
틸란드시아와 같은 행잉 플랜트를 걸어둔 곳부터 몇백 년 된 나무를
그대로 살려 건물 전체를 통과하게 배치한 곳까지 있다. 이러한
방콕만의 공간 구성은 어디서 본 듯한, 개성 없이 비슷하기만 한
곳이 아니라, 방콕의 정체성을 뚜렷이 나타내는 요소로 완성한다.
여기에 힘을 더하는 것이 바로 '인더스트리얼 인테리어Industrial
Interior'. 무조건 매끈하고 새것처럼 보이기보다 있는 골조를 그대로
살려 원래 공간이 가진 매력을 그대로 살리는 것이 특징이다.

6

차車 를 사랑하는 나라

태국에서 탄생하고 세계적으로 성장을 이룬 브랜드는 어떤 것들이 있을까. 가장 먼저 고급 실크 소재를 사용한 패브릭, 옷, 스카프 등의 제품을 선보이는 브랜드 짐 톰슨Jim Thomson은 비밀 요원이었던 미국인이 우연히 방콕에 왔다가 실크의 매력에 빠져 브랜드를 런칭한 역사로 유명한 태국의 대표적인 브랜드다. 방콕 내에 짐 톰슨 매장을 비롯해 그의 생가를 개조해 만든 짐 톰슨 하우스 뮤지엄, 짐 톰슨 레스토랑이 생길 정도로 국민의 두터운 애정을 받는 브랜드이기도 하다. 한편, 세계적인 디자이너 브랜드로 인정받은 그레이하운드GREYHOUND 역시 1980년대 방콕에서 시작한 패션브랜드다. 메인 컬렉션인 '그레이하운드 오리지널GREYHOUND ORIGINAL'과 세컨드 레이블인 '플레이하운드 PLAYHOUND'로 나누어 전개하는 이 브랜드는 현재 패션뿐 아니라 건축, 음악 등 전반적인 예술을 아우르는 존재가 되었다. 그러나, 정작 태국인이 가장 사랑하는 브랜드는 일본의 것이라는 사실을 아는지. 태국의 시장 조사 회사 '유고브YouGov'가 조사한 2016 브랜드 (자동차 부문) 지지 순위에서 1위를 차지한 브랜드는 다름 아닌 일본의 도요타TOYOTA였다 (참고로 이 브랜드는 종합 7위에 랭크 되기도 했다). 이 요인에는 자국의 자동차 브랜드가 없다는 것과 특히나 차를 사랑하는 태국인의 취향 덕분이다. 보통 한국인의 평생 목표라 하면 '내 집 장만'을 꼽지만, 이들에게 평생 목표는 집이 아닌 차라는 것. 심지어 태국의 집값은 수쿰윗 지역을 제외하면 우리나라 돈으로 평균 50만 원 수준이란다. 어쩌면 태국의 트래픽은 그들의 엄청난 차 사랑을 보여주는 상징적인 지표일지도 모르겠다.

교통수단의 모든 것

방콕에는 관광 도시답게 다양한 교통수단이 있다. 버스와 택시, 승용차는 물론, MRT라 불리는 지하철과 BTS라 불리는 스카이트레인이 대표적인 대중교통이다. BTS의 경우, 18개 역을 정차하는 방콕의 지하철로 첫 역부터 마지막 역까지 총 20km,약 33분이 소요된다. 요금은 노선에 따라 다르며, 운행시간은 오전 6시부터 자정까지다. 하지만, 이국적인 여행을 경험하고 싶다면 빼놓을 수 없는 건, 툭툭과 수상 보트일 것이다. 수쿰윗으로 향할수록 트래픽이 심한 방콕에선 5분 거리의 거리도 이 지역에서는 30~40분 소요되는 것이 기본이다. 트래픽을 도저히 견디지 못하겠거나, 현지인들이 애용하는 대중교통을 경험해보고 싶다면 툭툭이나 오토바이 택시를 한 번쯤 이용해보는 것은 어떨까. 단, 바가지를 쓰고 싶지 않다면 목적지가 어딘지 말할 수 있을 정도의 태국어는 숙지할 것을 권한다. 하지만, 교통편에 신경을 쓰고 싶지 않다면 합법적으로 사용할 수 있는 '우버Uber'를 추천한다. 핸드폰에 우버 애플리케이션을 설치하면, 누구나 손쉽게 이용 할 수 있으며 출발지와 도착지를 미리 설정하기 때문에 영어나 태국어에 능숙하지 않아도 부담 없이 이용할 수 있다. 또한, 요금도 거리에 따라 책정되기 때문에 바가지를 쓸 위험도도 적다.

로컬 비즈니스의 시작

짜뚜짝 시장과 함께 관광객에게 방콕 여행에서 꼭 가야 할 필수 장소로 여겨지는 담넌사두억 수상 시장. 태국은 오래전부터 운하를 만들어 전국의 짐을 실어 날랐다고 전해진다. 그와 함께 운하 주변에 집과 상점이 생겨나면서 자연스럽게 배에 탄 상인들이 물건을 파는 지금의 수상 시장이 만들어지게 된 것. 이 두 곳의 마켓이 태국의 과거부터 이어져 온 마켓이라면, 방콕 곳곳에서 열리는 개성 있는 마켓에도 주목할 필요가 있다. 한국의 마르쉐 격의 방콕 파머스 마켓, 매주 주말 보물 같은 빈티지 제품이 모여드는 딸랏 롯 파이 마켓 등 여행 기간 내에 열리는 마켓을 체크해두자. 방콕의 젊은 소공상인을 피부 가까이에서 느낄 수 있는 흔치 않은 기회이기 때문이다. 태국을 대표하는 브랜드로 성장한 '카르마카멧Kamakamet' 역시, 마켓에서 시작된 브랜드다. 우리에겐 '쇼핑몰'이 소공상인들의 시작점이라면, 이들에겐 '마켓'이 그와 같은 역할을 한다고 보면 된다.

BANGKOK IS...

왓 프라깨우Wat Phra Kaew와 차오프라야Chao Phraya 강이 가까운 사남 루앙Sanam Luang
광장 근처에 가는 걸 추천한다. 멋진 갤러리와 오래된 사원, 매력적인 건축물이 많다.

데이비드 뱅크
David Bank, Owner of Machine Age Workshop

라타나코신Rattanakosin 왕국의 아름다운 건축과 예술, 그리고 현시대 가장 세련된 쇼핑
센터를 동시에 경험할 수 있는 도시.

차이
Chai, Staff of A'hostel Bangkok

세계의 모든 음식을 맛볼 수 있는 도시.

파니다 엠시리눕파쿨
Panida Iemsirinoppakul, Editor and Writer

여행한 도시 중 후유증이 가장 많이 남는 도시. 컬러, 온도, 맛, 향기, 사람들까지.

김언영
트윈에뚜왈 공동대표

잼 팩토리는 카페와 서점, 레스토랑과 갤러리 등 모든 것을 갖춘 곳이다.

파차라톤 우볼칫
Pacharathon Ubolchit, Photographer

요즘 방콕 여성들은 솜 탐(Som Tam, 그린파파야로 만드는 태국식 샐러드)을 많이 먹는
다. 샐러드라 먹어도 살이 안 찌기 때문이다.

나파완 핌완
Napawan Pimwan, Co-founder of Palini

커피를 좋아한다면 통 러Thong Lo나 에까마이Ekkamai 쪽으로 가라.
멋진 카페들이 많다.

타니야난
Thanyanan C., Blogger

머스텡 네로 호텔The Mustang Nero Hotel은 방콕 부티크 호텔의 한 획을 그은 유지니아 호텔
The Eugenia Bangkok의 계보를 잇는 곳이다. 고혹적인 분위기와 반비례하는 가격은 더욱
매력적!

정기훈
인테리어 디자이너

방콕에서는 밤을 즐겨야 한다. 음악과 야경이 멋진 보그 라운지Vogue Lounge에서
이국적인 밤 문화를 경험해 보길.

이종섭
쿠론 마케터

호화로운 바부터 지저분한 나이트클럽까지, 방콕에는 다양한 놀 거리가 많다. 어디서
놀건 지는 자유다. 브라이언 커틴
Brian Curtin, Art Critic and Curator

그릇 쇼핑을 하고 싶다면 짜뚜짝 시장Chatuchak Market 그릇 섹션을 추천한다. 호텔에서
사용하는 식기류를 저렴한 가격에 구매할 수 있다.

이경민
설화수 디자인팀 디자이너

거의 모든 길목에서 길거리 음식을 팔지만, 단연 으뜸은 차이나타운 야오와랏Yaowarat
로드다. 파피차야 와치라분팟
Papichaya Wachirabunpot, Staff of Swimmy

도시의 면면이 천차만별이라 조깅하는 재미가 있는 곳.
조이
Joy, Managaing Director of Gla & Charcoalogy

다양한 얼굴을 가진 도시. 마치 골목이 국경선인 것처럼 양쪽에 각기 다른 나라의
분위기를 풍긴다. 김주영,
빈티지 샵 0316 대표

여행자를 맞는 방콕 사람들의 미소는 아름답다.
스마트
Smart, Engineering Student

계획 없이 돌아다녀 볼 것. 대신 교통이 불편하니 BTS나 우버 택시를 이용할 것.
마지막으로 수상한 테일러들에게 속지 말 것. 벤 콜
Ben Cole, Managing Director of Tailor On Ten

방콕에서의 어느 하루

AM 6 : 30.

창문 틈으로 새어 나오는 빛에 잠을 깨는 아침.

A MORNING. LIGHT CAME THROUGH
A CHINK IN THE WINDOW.

AM 7 : 13.

여행객의 기분 좋은 인사로 시작하는 오늘의 여정.
"ENJOY YOUR TIME!"

STARTED THE JOURNEY WITH SOMEONE'S PLEASING
GREETING.
"ENJOY YOUR TIME!"

고요하지만 평화로운 아침 식사.

CALM, PEACEFUL MORNING.

내리쬐는 태양 아래 지독한 갈증을 날려주는 고마운 존재들.

PM 1 : 22.

THE THINGS ELIMINATING EXTREME THIRST
FROM THE SUN.

파란 여름을 유영하듯.

SWIM INTO THE BLUE!

여름을 닮아 싱그러운 방콕의 음료.

A DRINK FULL OF FRUITS JUST LIKE SUMMER.

눈과 입을 사로잡는 드링크 리스트

1 MANGO JUICE @BITTERMAN
2 MILO MOUNTAIN @ KAIZEN COFFEE
3 COLD PRESSED JUICES GREEN @ROCKET COFFEEBAR
4 RED WEDDING @HANDS AND HEART
5 SALTED CARAMEL POPCORN AFFOGATO @EKKAMAI MACCHIATO
6 ICED MILK TEA @CASA LAPIN

7 CHESTNUT CHIFFON MINI PARFAIT, @PARDEN
8 TH!NK COLOLATE SIGNATURE @THINK COFFEE
9 ICED LATTE @HANDS AND HEART
10 SEASON PARFAIT @PARDEN
11 ADULT AFFOGATO @EKKAMAI MACCHIATO
12 BLUE WATTER @HANDS AND HEART

방콕의 트렌드를 주도하는 사람들과
공간에 대한 이야기

LIVE No.2
LOCAL BUSINESS & TRAVEL MAGAZINE:
BANGKOK

LOCAL LIFE

두앙릿 분낙DUANGRIT BUNNAG은 방콕의 건축가로, 1995년 건축 회사 'DBALP'를 설립했다. 해외 디자인 어워드에서 수상을 하며 세계적인 건축가로 성장을 거듭하고 있는 그는 방콕의 핫 플레이스로 손꼽히는 잼 팩토리를 비롯해, 방콕의 새로운 랜드마크로 자리잡은 종합 쇼핑몰 '엠콰티어 백화점Emquatier Department Store' 등의 건물을 만들었다.

I. | 건축가 두앙릿 분낙 |

공간 이름 : 잼 팩토리
소개 : 두앙릿 분낙이 운영하는 건축 회사 DBALP가 설립한 공간으로, 사무실의 오피스와 레스토랑,
서점, 카페, 라이프스타일 숍, 갤러리가 한 데 모여있는 복합 공간이다.
오픈년도 : 2013년
공간 콘셉트 : 자연친화적인 복합 공간, 모노 톤의 심플한 공간 구성
키워드 : 복합 공간, 서점, 북카페, 갤러리, 건축
+
comment
헌 공장을 개조해서 만든 감각적인 디자인, 정기적으로 열리는 개성 있는 마켓과 공연

건축 자재인 나무판이 꽂혀있는 책장

DBALP의 사무실 전경

매일 아침 결재 서류를 검토한다는 두앙릿 분낙

서류로 가득 찬 책장

업무에 집중하는 두앙릿 분낙

라이프스타일 숍 애니룸의 외관

잼 팩토리 가장 안쪽에 위치한 레스토랑 네버 엔딩 썸머

라이프스타일 숍 애니룸의 외관

신선한 재료로 만든 네버 엔딩 썸머의 음식

각종 도서를 판매하는 캔디드 북숍

가격 대비 성능을 뜻하는 신조어 '가성비'. 이는 현재 서울의 소비 트렌드를 가장 잘 나타내는 단어일 것이다. 아주 가까이에 있는 편의점만 봐도 유명 연예인의 이름을 내세워 합리적인 가격에 맛과 양, 질로 가득 채운 도시락이 '싼 게 비지떡'이라는 인스턴트 식품의 선입견을 깨고 있으며, 최근 급격하게 늘어난 1인 가구의 라이프스타일에 적합한 1인용 음식, 1인용 가전제품이 소비자의 구미를 당기고 있다. 이러한 가성비 트렌드가 서울을 지나 방콕 여행 트렌드에도 미친 것일까. 요즘 '힙스터'라 일컫는 방콕의 현지인과 해외 관광객들은 한 장소에서 태국의 음식과 커피, 서적과 문화 모두를 즐길 수 있는 잼 팩토리The Jam Factory를 찾는다. 가성비가 훌륭한 공간을 제공하고 싶어서? 그것이 아니면 트렌드를 선도하는 젊은 세대를 사로잡기 위해 이 공간을 만들었을까? "No particular reason for this building." 잼 팩토리를 만든 태국의 건축가 두앙릿 분낙Duangrit Bunnag의 목적은 생각보다 간결했다. 그런 그의 신념은 곧 방콕의 건축, 나아가 여행의 새로운 방법을 제안하고 있다.

한국의 독자들에게 자기소개를 부탁합니다.

이야기를 꺼내기 시작하면 아마 며칠은 걸릴지도 모르겠군요. 난 이제 50이 넘었고, 그 시간 동안 가히 상상할 수 없는 일들을 수도 없이 해왔습니다. 자신을 소개한다는 것이 내게는 어려운 일이 아닐 수 없어요. (웃음) 하지만, 그 모든 이야기를 여기서 다 할 수 없으니 아무래도 건축가라고 소개하는 편이 좋을 것 같습니다. 잼 팩토리와 'DBALP'라는 건축 회사를 운영하고 있습니다.

당신이 만든 잼 팩토리는 어떤 공간인가요?

'차오프라야 강Chao Pharaya River' 옆에 위치한 잼 팩토리는 제가 근무하고 있는 DBALP의 사무실을 비롯해 서점 & 북 카페, 갤러리, 라이프스타일숍, 그리고 레스토랑이 한 데 모여 있는 복합 공간입니다. 길게 'ㄷ'자 모양으로 나 있는 각각의 개성 있는 공간을 둘러보는 것만으로도 충분히 즐거움을 느낄 수 있을 것이라 생각합니다.

잼 팩토리라는 이름이 흥미로운데요. 특별한 의미가 담겨 있나요?

꽤 많은 이들이 오래된 잼 공장을 개조해 만든 공간이라 알고 있는데, 사실 그렇지 않아요. 이름에는 아무런 의미가 없답니다. 사무실이 위치한 건물 한편에 런던의 거리 표지판을 붙이기도 했는데, 사실 잼 팩토리라는 이름은 친구의 집에서 따왔어요. 친구가 살던 곳의 옆 건물이 잼 공장이었거든요. 그러므로 엄밀히 말하면 이곳은 잼과는 아무 연관이 없다고 할 수 있겠네요. 그저 '잼Jam'이라는 소리가 재미있다고 생각해서 붙인 이름이에요.

뜻이 없는 이름이라, 재미있네요.

이름을 떠나 이건 인생과도 연관이 있다고 생각합니다. 어떤 특별하고 대단한 이유 없이 내가 나고, 당신이 당신인 것처럼 말이죠. 꼭 이유나 목적이 있어야만 무언가를 할 수 있는 것은 아니라고 생각해요. 어떤 일이든 이유 없이 그저 무언가를 한다고 해도 그 자체로 인생을 즐길 수 있는 것처럼요. 때때로 그것이 인생을 더 즐겁게 만들어줄 수도 있죠. 적어도 저에게는 그런 것 같아요.

잼 팩토리와 함께 운영 중인 건축회사 DBALP는 어떤 곳인가요?

DBALP는 몇 가지 그룹으로 나누어져 있습니다. 3개의 건축 디자인 그룹, 3개의 인테리어 디자인 그룹, 그리고 조경 디자인 그룹까지 총 50명의 직원이 근무하고 있어요. 우리는 우리의 디자인이 필요한 고객들, 그러니까 집이나 상업 공간, 호텔 리조트 등 굉장히 넓은 범위의 건축물을 다룹니다. '어떠한' 건물을 만든다기보다 '콘셉트'를 만들어 가는 곳이라고 보는 것이 더 정확해요. 방콕의 작은 가게부터 방콕에서 가장 큰 쇼핑몰인 엠쿼티어 백화점도 우리의 결과물 중 하나예요. 스리랑카, 라오스 등 해외의 건물도 만들고 있고, 지금은 인도에서 프로젝트를 진행 중입니다.

잼 팩토리가 위치한 이 지역은 강이 흐르고, 사람들이 활발하게 오고 가는 '클롱산 시장Klongsarn Market'이 근접해 있어요. 어떻게 이곳을 선택했는지 궁금합니다.

그 이유는 간단합니다. 재즈 음악을 들어본 적이 있나요? 재즈 음악의 매력은 이미 쓰인 악보대로 연주하는 것이 아닌, 손이 가는 대로 연주하는 '즉흥성'에 있습니다. 그것은 내가 건축을 대하는 방식과도 크게 닮아 있어요. 이곳에 처음 왔을 때, 저는 그저 이 건물들이 좋았어요. 당시 저희는 DBALP의 사업을 확장하는 단계였고, 자연스럽게 이전보다 넓은 공간이 필요했어요. 이곳의 건물들을 보며 사무실로 사용할 수 있을 거라는 생각이 들었고, 실제로 이 공간은 모든 면에서 적합했답니다. 치밀한 분석을 통해 부지를 선정해서 건물을 짓기 시작하는, 그런 일련의 과정을 거쳐 탄생한 것이 아닌 거죠. 현재 카페, 서점, 갤러리 등으로 사용하는 이 공간들은 모두 30년 이상 비어 있던 곳이었어요. 그때부터 하나씩 채워 나가 지금의 잼 팩토리를 완성하게 되었습니다.

처음으로 완성한 공간은 무엇이었나요?

사무실 뒤편에 자리한 '네버 엔딩 썸머The Never Ending Summer'라는 레스토랑이 그것입니다. 레스토랑 오픈 역시 특별한 이유는 없었어요. 굳이 이유를 찾는다면 그저 레스토랑을 개업하고, 이후에 운영할 가능성을 본 것뿐이라고 답할 수 있겠네요. 실제로 처음 레스토랑을 만들겠다고 했을 때, 주변 사람들은 모두 걱정 일색이었어요. 하지만 그들과는 반대로 저만의 직감을 믿었고 그 확신을 가지고 실행에 옮겼어요. 레스토랑을 시작으로 연이어 만든 카페, 서점, 갤러리 모두 같은 맥락에서 설명할 수 있어요. 여기에 만들어진 모든 공간은 재즈 음악, 그러니까 즉흥improvisation 그 자체예요. 모든 비즈니스가 계획적이고 실험적인 것은 아니라고 말하고 싶습니다. 잼 팩토리가 그것을 보여주는 아주 좋은 사례고요.

지금은 이곳을 비롯해 '더 블록The Bloc'이나 '더 커먼스The Commons'와 같은 복합 공간이 방콕에 많지만, 당시만 해도 이는 보기 드문 형태였다고 알고 있어요. 잼 팩토리를 구현하며 영감을 받은 공간이 있었나요?

상하이, 멜버른, 런던 등 그동안 전 세계의 수많은 공간을 다녔어요. 잼 팩토리를 포함해 제가 만든 모든 공간은 특정한 건물이나 공간에서 영감을 받은 것이 아닌, 수많은 공간을 보았던 기억, 그로부터 받은 영감이 자연스럽게 건축물로 나타난 것이라고 생각해요.

입점된 상점 말고도 다양한 이들이 참여하는 마켓이 정기적으로 열린다고 들었습니다.

건물 중앙 이 잔디밭에서 매달 마지막 주 주말에 열리는 '낵 마켓The Knack Market'은 잼 팩토리의 또 하나의 정체성을 지닙니다. 방콕의 다양한 패션, 리빙, 디자인 등의 로컬 브랜드와 빈티지 제품, 고서, 길거리 음식 등을 판매하는 개성 있는 셀러들이 이곳에 모이죠. 특히 이 공간을 널리 알리기 위한 홍보도, 높은 가격의 이익을 얻기 위한 마케팅을 위한 예산도 따로 없어요. 셀러들의 참가비 또한 낮은 가격을 받고 있기 때문에 자신의 브랜드를 진정으로 소개하고 싶은 셀러들에게는 좋은 기회이자 장이 될 수 있는 마켓이라 자부할 수 있어요. 또한, 마켓과 함께 다양한 공연을 즐길 수 있어 파티 문화에 친숙한 외국인 관광객이 특히 좋아하는 행사이기도 하죠. 실제로 우리의 공간을 즐겨 찾는 주 소비자층은 유럽인과 일본인이 많아요.

갤러리에선 주로 어떤 전시를 관람할 수 있나요?

방콕의 로컬 아티스트는 물론이고, 일본의 많은 아티스트들과 친밀한 유대 관계를 맺고 있어요. 직접 일본을 방문해 그곳의 아티스트들을 만나 이야기를 나누고, 그들의 작품을 이곳에 전시하는 방식으로 진행하죠. 국내외 이미 사람들에게 잘 알려진 아티스트의 전시가 열리기도 하지만, 주로 갤러리에 전시되는 작품은 대부분 젊은 아티스트들이라고 보면 될 것 같습니다. 덕분에 좀 더 다이내믹하고 개성 있는, 전도가 유망한 아티스트들의 작품을 만나볼 수 있답니다. 다큐멘터리 사진가로 잘 알려진 패트릭 브라운Patrick Brown도 이곳에서 전시를 한 바 있고, 현재는 태국 베이스이자 유럽 시장에서 작품 활동을 활발히 하고 있는 아티스트 펌 찬Pomme Chan의 전시를 진행하고 있어요. 그녀는 런던에서 10년 동안 작품 활동을 하다 최근 태국에 돌아왔어요.

잼 팩토리를 시작으로 복합 공간은 현재 방콕에서 사랑받는 건축의 형태가 아닌가 싶습니다. 현재 방콕의 건축 트렌드가 무엇이라고 생각하나요

누구도 그 질문에 명확한 답을 내리기는 어렵지 않을까요? 물론 지금 사람들이 보고 싶어 하는 건축의 스타일이 무엇인지 아마 돈이 많고 영리한 누군가는 잘 알지도 모르죠. (웃음) 그러나 취향은 곧 개인적이고 상대적인 기준일 수밖에 없다고 생각해요. 다만, 제가 말할 수 있는 것 한 가지는 태국 사람들의 취향은 주로 활기찬 분위기를 사랑하면서 여러 취향이 혼재된 양상을 형성하고 있다는 공통점을 가지고 있다는 점입니다. 마치 방콕이라는 도시 자체가 전통과 현대, 그리고 그 둘이 섞여 이국적인 것 등 다양한 콘텐츠를 접할 수 있는 것처럼 말이죠. 차갑고 텅 비어 있는 것을 좋아하는 취향을 가진 사람이라면 깨끗하고 꾸밈없는 디자인의 빌딩을 좋아할 테지만, 또 다른 부류는 그보다 태국의 빽빽한 길거리를 더 선호할 거예요. 고로 저는 사람들의 취향에 특정한 공식 같은 것에 관심을 두지 않는 편이에요.

취향이라는 기준에 담기지 않는다면, 태국의 전반적인 건축 스타일은 어떠한 기준에서 투영된다고 보나요?

지금 우리가 살아가고 있는 삶은 지나온 과거와는 분명 다른 시대입니다. 물론 태국 전통의 건축물과 의복, 문화가 있고 현재도 태국의 왕궁이나 유적지에 가면 볼 수 있는 전통이 존재하죠. 그러나 지금 우리는 그때와는 다른 삶, 즉 현대적인 양식 안에서 그것을 누리고 있어요. 이전에는 없던 이동 수단을 타고, 의학 기술의 혜택을 누리면서 사는 것처럼 현재의 건축 양식 역시 많은 변화를 겪어 왔습니다. 시간에 영향을 받을 뿐 아니라, 지역도 마찬가지예요. 만약 태국의 시골 지역에 간다면 방콕과는 다른, 그 지역 사람들만의 의식주 형태를 쉽게 발견할 수 있을 거예요. 우리는 지역마다 자체적이고도 개성 있는 문화가 성장한 시대에 도래한 것이죠. 방콕, 파타야, 치앙마이. 각각의 지역을 하나의 기준으로 묶기에는 이제 너무 달라져 버렸어요. 방콕의 건축 스타일이라는 것이 시간이나 지역, 취향이라는 단어로 하나에 담기에는 어려움이 있다고 생각합니다. 따라서 태국의 건축 양식은 사람들이 사는 삶의 방식과 밀접한 연관이 있다고 볼 수 있겠죠. 또 그건 도시에 얼마나 살았는지 기간과도 관련이 있어요. 도시의 사람들이 살아가는 방식, 나아가 문화에 얼마만큼 친숙한지 가늠할 수 있기 때문이죠.

예를 든다면요?

다시 한번 말하지만, 방콕은 여러 삶의 방식이 혼재된 도시입니다. '하이 소 High Society'라 불리는 상류층과 그렇지 않은 '로우 소Low Society' 모두를 방콕 어디서나 만날 수 있어요. 길거리 음식을 먹을 수도 고급스러운 파인 다이닝 레스토랑에서 식사를 즐길 수도 있죠. 또한, 한적한 길이 있는가 하면 수쿰윗처럼 트래픽이 엄청난 거리도 있어요. 차로 빈틈없이 빽빽하게 들어찬 거리에 묶인 사람들의 표정을 보세요. 그들의 표정은 너무도 평온하고 심지어 미소를 지으며 이야기를 나누기도 해요. 혼재된 것들에 익숙한 방콕의 사람들은 혼돈 속에서도 평온을 찾는 데 익숙합니다. 그러나 같은 트래픽을 그대로 서울에 옮겨 놓는다면? 아마 그곳의 사람들은 이렇게 미소 지을 수 있을까요? 그렇지 못할 것이라고 생각해요. 이것이 방콕만의 고유한 문화입니다. 문학이나, 패션, 디자인과 같은 콘텐츠를 보고 도시의 문화를 이해할 수 있는 것처럼 건축도 도시의 고유한 특성과 매력을 투영하고 있다고 생각합니다.

미래에 구현하고 싶은 혹은 목표로 삼은 상상 속의 건축물이 있다면 무엇인가요?

사실 그런 것에는 크게 관심을 두지 않는 편이에요. 제게 인생에서 가장 의미 있고, 가장 인상적인 순간은 지금입니다. 그렇기 때문에 저는 지금 어떤 일이 일어나고 있는지, 지금 무엇을 하고 지에 가장 큰 집중과 신경을 쏟아요. 미래는 지금 제가 만들어낸 일종의 결과물인 것이죠. 그저 저는 모든 순간에 춤을 추며 살아가고 있어요. 춤을 추기 시작하면 어떻게 춤을 추어야 하는지, 그게 맞는지 신경 쓰지 않아도 돼요. 그저 춤을 추는 순간을 즐기면 되니까요. 지금 누군가 제게 매우 작은 규모의 프로젝트를 제안하고, 그것이 하고 싶은 일이라는 확신이 들면 기꺼이 할 겁니다. 반대로 그 프로젝트의 규모가 크다고 해도 마찬가지죠. 매 순간 지금에 충실하는 것, 그것이 저의 인생 철학이자 건축 철학이기도 합니다.

그렇다면 질문을 바꿔 다시 묻겠습니다. DBALP의 다음 프로젝트는 무엇인가요?

강 반대편에 창고형의 복합 공간을 만들고 있어요. 잼 팩토리에 입점해 있는 카페, 서점, 갤러리를 포함해 극장, 코 워킹 스페이스Co-working space, 모터사이클을 즐길 수 있는 공간까지 조금 더 다양한 것들을 즐길 수 있는 곳으로 구성 중입니다. 아마 2017년에 선보일 수 있을 것 같아요. 또한, 잼 팩토리의 새로운 매거진 역시 2017년에 공개될 예정이에요. 아직 기획 단계에 있는 프로젝트라 자세한 이야기를 할 순 없지만, 현재 시 규모의 큰 프로젝트 역시 함께하고 있어요. 이것이야 말로 방콕을 조금이나마 변화시킬 수 있을지 모르는 큰 기회와도 같은 일이 될 것으로 생각합니다.

방콕에서의 당신의 일과는 어떠한가요?

미팅, 미팅, 그리고 미팅. 미팅의 연속이에요. (웃음) 사실 저는 일을 즐기는 사람입니다. 아침 일찍 일어나서 밤늦은 시간까지 일을 하고 있으면서도 일하는 시간이 부족하다고 느낄 정도죠. 평일의 대부분의 시간을 일에 할애하는 대신 주말에는 온전히 쉬려고 노력하는 편이에요. 특히 할리 데이비슨Harly-Davidson과 같은 모터사이클을 즐겨 타요. 지난주에는 친구들과 함께 치앙마이에 여행을 다녀왔어요. 확신하건대 저의 날들은 살아온 날보다 앞으로가 더 오래, 그리고 많이 남았다고 생각해요. 그러니 지금처럼 모든 순간을 즐기려고 노력할 거예요.

방콕에서 당신이 특별히 좋아하는 공간이 있다면 소개해 줄 수 있나요?

아, 어려운 질문이네요. (웃음) 방콕의 힙스터들이 자주 가는 지역의 카페나 쇼핑몰을 가기도 하지만, 솔직히 말하면 저는 지극히 평범한 취향을 지닌 사람입니다. 물론 그런 젊은 세대의 활기가 물씬 느껴지는 공간을 좋아하고 종종 가기도 해요. 그러나 그보다 방콕의 길거리 문화를 사랑해요. 덕분에 틈이 나면 방콕 곳곳의 길거리를 걷는 것을 좋아하죠. 특히 방콕의 차이나타운처럼 거리의 오래된 마켓을 구경하는 일이 제게는 큰 즐거움으로 다가오는 것 같습니다.

방콕의 길거리 음식도 즐기나요?

물론입니다. 태국 음식을 굉장히 좋아해요. 네버 엔딩 썸머 레스토랑만 봐도 수 가지의 태국 음식이 판매되고 있죠. 만약 테이블 위에 스테이크와 태국 음식이 있다면, 저는 고민 없이 태국 음식을 고를 겁니다. 태국 음식 중 어떤 것을 가장 좋아하는지는 부디 묻지 말아주기를 바라요. 매일 기분에 따라 바뀌기 때문에 쉽게 무엇이라고 꼽을 수가 없거든요. (웃음)

태국 여행을 앞둔 한국의 여행자, 그리고 이 책을 보고 있는 독자들에게 일러주고 싶은 것이 있다면 무엇인가요?

방콕은 누구나 자유롭게 즐길 수 있는 아주 좋은 도시라고 생각합니다. 물론 다양한 시설을 갖춘 호텔이나 리조트에서 휴식을 즐길 수도, 일정에 따라 방콕을 경험할 수 있는 프로그램이나 패키지를 통해 여행할 수도 있겠죠. 하지만, 굳이 이곳에서 많은 것을 하려고 하지 않아도 된다고 말해주고 싶습니다. 그저 매 순간 춤을 추듯 자유롭게 방콕을 만끽하길 바랍니다.

SHOP INFO 41/1-5 The Jam Factory, Charoennakorn Rd.,
Klongsan, Bangkok, Thailand 10600
TEL +66 2 861 0950
OPEN 10am – 8pm
MORE DETAILS www.facebook.com/
TheJamFactoryBangkok @thejamfactorybangkok

패션 브랜드 팔리니Pallini의 공동대표이자 동갑내기 연인인 파나룻 네티피라퐁Pannarut Netipiraphong 과 나파완 핌완Napawan Pimwan은 종일 브랜드에 관해서만 생각한다. 팔리니의 해외 진출을 준비하는데 집중하고 있으며 패션 브랜드를 넘어 라이프스타일 브랜드로의 영역 확장을 목표로 삼고 있다.

2. | 팔리니 디자이너 & 공동대표
   | 파나룻 네티피라퐁, 나파완 핌완

브랜드 이름 : 팔리니
소개 : 1층부터 3층까지는 그들의 생활 공간으로, 옥탑을 작업실 겸 쇼룸으로 사용하고 있는 이 공간은 아쉽게도 일반
고객들에겐 오픈하지 않는다. 대신 방콕의 12개의 쇼핑몰에서 그들의 제품을 만날 수 있다.
론칭년도 : 2015년
브랜드 콘셉트 : 'Something to Believe in' 사람들에게 신뢰를 줄 수 있는 제품을 만드는 것
키워드 : 하와이언, 인디고, 모자, 패션
+
comment
태국의 전통 스타일을 그들의 시선으로 변형한 디자인 / 양면으로 두 가지 스타일을 연출할 수 있는 모자

브랜드 이미지를 구현한 쇼룸 겸 작업실 한컷

디자인과 실용성
모두 놓치지 않은 모자 시리즈

트로피컬 패턴이 돋보이는 팔리니의 제품들

팔리니의 제품을 소개하고 있는 나파완과 파나룻

고서를 찢어 직접 붙인 쇼룸의 천장

오랜 연인이자 팔리니의 공동대표 파나룻과 나파완

언젠가 방콕에 기반을 둔 한 웹진에서 독특한 모자를 쓴 스트릿 사진을 우연히 봤다. 사진 속 현지인이 쓴 태국의 전통이 느껴지는 디자인의 모자가 뇌리에 각인되었다. 독특했던 인상의 그 모자는 알고 보니 1930년대 유럽의 칵테일 햇cocktail hat에서 영감을 받은 팔리니Palini라는 방콕 기반 패션 브랜드의 제품이었다. 거주공간이자 작업실이고, 쇼룸인 그들의 공간은 전형적인 주택가에 있었다. 3층짜리 건물은 그들이 생활하는 공간으로, 옥탑을 개조해 작업실로 사용하고 있었다. 마치 집들이에 방문한 손님을 맞는 것처럼 반갑게 취재팀을 맞이한 그들은 먼저 쇼룸 겸 작업실로 안내했다. 안내를 받아 옥탑에 다다르자 하늘인지 바다인지 모를 푸른 벽으로 둘러싸인 공간이 눈앞에 펼쳐졌다. 이국적인 뉘앙스가 가득한 그곳에 발을 디딘 순간, 전통과 현재가 혼재된 모자의 정체성이 어디에서 시작되었는지 알 수 있었다.

각자 자기소개 부탁드립니다.

파나룻 네티피라퐁(이하 파나룻) 안녕하세요. 저는 팔리니의 공동대표 파나룻 네티피라퐁Pannarut Netipiraphong이라 합니다.

나파완 핌완(이하 나파완) 나파완 핌완Napawan Pimwan입니다. 반갑습니다.

개인적으로 팔리니라는 브랜드는 우연히 웹진의 스트릿 사진을 통해 알게 되었습니다. 한국의 독자들에게 브랜드를 소개해주세요.

파나룻 팔리니는 2015년 2월에 론칭한 신생 브랜드예요. 보시는 것처럼 저희는 모자를 선보이는 브랜드입니다. '각기 다른 문화의 혼합'이라는 콘셉트로 만든 하와이언 패턴의 챙모자, 슈트 원단으로 맵시를 더한 모자 등이 대표적인 제품이에요. 모자 외에도 리넨 소재를 사용한 슬릿 원피스나 모로코 스타일의 슬리퍼도 판매하고 있어요. 현재 방콕 내 열여덟 곳의 편집 매장에 입점되어 있습니다.

팔리니라는 이름에 담긴 의미가 내내 궁금했어요.

파나룻 브랜드를 준비하면서 이름에 특히 오랫동안 고민했었어요. 다른 단어들은 괜찮다 싶다가도 금세 지겨워졌거든요. 사실 팔리니는 어머니의 이름이에요. 어머니의 이름은 계속 들어도 지겹지 않잖아요. 거기다 영어로 쓰든 태국어로 쓰든 글씨 모양도 예뻐서 팔리니로 이름 지었어요.

두 분이 공동대표면서 연인이라고 알고 있습니다. 어떻게 브랜드를 론칭하게 되셨나요?

파나룻 잡지사에서 처음 만났어요. 저는 프리랜서로 칼럼니스트와 스타일리스트 일을 하며 잡지사를 오갔는데, 나파완이 그 잡지사의 회계 담당자로 있었거든요. 그 당시 저는 패션 브랜드를 만들고 싶다는 생각이 있었고, 관심사가 비슷했던 나파완에게 브랜드 론칭을 제안했어요.

오피스와 쇼룸, 집이 한 공간에 있는 것이 흥미로워요.

파나룻 3층 건물에 옥탑이 있는 구조예요. 2층은 부모님이 쓰시고, 3층은 저와 나파완의 집이자 오피스예요. 옥탑은 쇼룸 겸 작업실로 VIP 고객이나 클라이언트가 오면 상품을 소개하고 판매도 하는 공간이에요. 예전에는 작업실이 수쿰윗 쪽에 있었는데 교통 체증이 너무 심해서 아예 집으로 옮겼어요. 원래 탁구장이었던 옥탑을 브랜드 이미지와 어울리게 직접 꾸몄어요. 새로 산 물건은 하나도 없어요. 탁구대를 상품 전시대로 쓰고, 오래된 책들을 찢어 천장에 붙인 게 전부예요. 제가 직접 그린 그림과 구매한 작품, 영국에서 직접 사 온 실도 이곳에 수집하고 있죠. 임시로 사용할 생각이 있었는데 꾸미다 보니 이젠 더욱 특별한 공간이 되어버렸네요.

수많은 패션 아이템 중 모자를 선택한 이유가 무엇인가요?

나파완 파나룻은 7년 전부터 날씨에 상관없이 1년 365일 항상 모자를 썼을 정도로 모자를 좋아해요. 보시다시피 지금도 쓰고 있죠. (웃음) 그래서 브랜드 첫 제품을 모자로 시작하면 더 잘 만들 수 있지 않을까라는 생각을 했어요.

파나룻 제가 좋아하는 세 가지가 있는데 모자와 알로하 셔츠, 그리고 인디고 컬러예요. 팔리니의 첫 제품에는 이 세 가지 요소가 모두 들어가 있고요. (웃음)

각자 어떤 역할을 맡고 있나요?

나파완 저희 둘 다 패션 전공자가 아니어서 초기에 패턴 드로잉이나 디자인을 못 했는데 처음에는 그것들을 담당하던 디자이너와 셋이서 시작했어요. 얼마 뒤 그가 사정이 생겨 나가게 되었고, 지금은 둘이서 운영하고 있어요. 제품 기획부터 유통 업무, 패키지 디자인까지 업무 영역을 나누지 않고 모든 걸 함께 결정해요. 그래픽 디자인이

나 웹 디자인, 온라인 판매 같은 부수적인 영역은 프리랜서를 고용해 일해왔는데, 올해부터는 본격적으로 팀을 꾸려볼 생각이에요.

론칭 초기에는 힘든 일도 많았을 것 같아요. 브랜드는 물론이고, 패션 업계가 처음이었을 테니까요.

파나룻 모든 것이 힘들었어요. 패션에 관심만 있었지 직접 디자인하고 판매하는 건 처음이었으니까요. 브랜드 초기에는 인지도가 낮다보니 알리는 것도 쉽지 않았어요. 그러니 일에 대한 확신도 점점 옅어지더라고요. 또, 어린 나이에 제작업체 사람들과 관계를 유지하는 것도 버거웠고요. 한번은 모자 100개를 만들었는데 세탁하고 나니 색이 다 빠져서 전부 버려야 했던 적도 있었어요. 그땐 정말 그만둬야 하나 싶었죠. 지금 생각하면 그때 그렇게 힘들었기 때문에 팀이 더욱 끈끈해질 수 있었고, 더불어 팔리니도 잘될 수 있었던 것 같아요.

브랜드가 추구하는 철학이나 신념이 있나요?

파나룻 유행에 따라가고 싶지 않아요. 빠르게 소비되는 패션이 아닌 오래도록 남는 패션 브랜드가 되고 싶어요. 화려하고 과한 것보다는 자연스럽게 삶에 흡수되는 아이템을 디자인하고 싶어요. 패션이 우리 일상의 작은 부분 하나하나에 영향을 미치고 있듯이 저희가 만드는 아이템들도 다른 사람들의 일상에 영향을 주었으면 좋겠어요.

다른 브랜드와 차별되는 팔리니 만의 특징을 꼽자면요?

나파완 대부분 브랜드는 최신 유행을 선도해 사람들에게 주목받는 것이 목적이겠지만, 저희는 저희가 좋아하는 것을 만들고 있어요. 팔리니의 첫 제품 '트로피컬 미스터리Tropical Mystery'를 출시했을 때는 아무런 관심도 받지 못했어요. 그래도 우리가 좋아하는 아이템들을 꾸준히 만들었어요. 그러다 보니 여기까지 오게 된 것 같아요.

상품 기획부터 출시까지 어떤 과정으로 진행되는지 궁금합니다.

파나룻 팔리니는 시즌별이 아닌 시리즈별로 상품을 출시해요. 이것이 매 시즌 컬렉션을 발표하는 일반 브랜드와 차별되는 큰 요인 중에 하나이기도 하죠. 하나의 시리즈를 기획하고 제작하는데 대략 2~3개월이 걸려요. 그렇다고 그것들을 바로 출시하지는 않아요. 제품 출시 전에 직접 착용해보고 불편함이 없나 점검하는 과정을 거치죠. 불편한 점을 찾으면 계속 보완해나가고 출시해도 되겠다 확신이 들 때 선보이고 있어요. 지금 제가 쓰고 있는 모자도 기획한 지 꽤 오래됐었는데, 판매하는 데까지는 수개월이 걸렸어요.

특별히 애착이 가는 제품이 있다면 무엇인가요?

파나룻 아무래도 제일 처음 출시된 제품이 가장 애착이 가요. 하와이언 패턴의 버킷 햇bucket hat '트로피컬 미스터리'는 리버시블 스타일이라 한쪽은 유럽에서 구해온 알로하 셔츠 원단을 이용한 트로피컬 무늬로, 다른 한쪽은 태국 전통의 자연 염료를 이용해 염색한 인디고 컬러로 두 가지 스타일을 연출할 수 있게 만들었어요. 각기 다른 지역의 문화가 섞인 셈이죠. 제일 처음에 만들었던 상품들은 다양한 알로하 셔츠 프린팅 때문에 패턴이 다 달랐어요. 그게 이 시리즈의 특징이었죠.

나파완 제가 쓰고 있는 '포타임 픽션Foretime Fiction' 모자는 1930년 스타일의 칵테일 햇을 팔리니 식으로 새롭게 변형한 모자예요. 새틴 소재로 만들어서 부드럽고 가벼워요. 어떤 옷에도 잘 어울리고 쓰는 방법에 따라 다양하게 연출할 수 있죠. 제일 잘 팔리는 제품이기도 해요.

제품의 소재에 신경을 쓰는 것 같아요. 특별한 이유가 있나요?

파나룻 모자를 만들 때는 소재 선택이 가장 중요하다고 생각해요. 지금까지 출시한 팔리니 모자는 시리즈별로 소재가 다 달라요. 가령 가방에 구겨 넣어도 구김이 가지 않은 소재라거나, 지역 날씨에 맞게 소재의 두께도 달라야 하니까요. 먼저, 출시할 모자를 여러 가지 소재로 만들고 직접 착용하며 생활해봐요. 주변 사람들이나 고객들의 피드백을 듣기도 하고요. 의견들을 모아 모자와 가장 잘 어울리는 소재로 최종 제품을 만들어요. 제가 지금 쓰고 있는 이 모자는 일본에서 가져온 잘 구겨지지 않는 워싱 페이퍼 소재로 만들었어요. 덕분에 이제는 소재의 특성이나 어떤 소재가 어떤 모자에 어울리는지 웬만큼 다 알아요.

여러 브랜드와의 협업도 활발해요. 주로 어떤 방식으로 하게 되나요?

파나룻 저희가 협업에 열려 있는 이유는 다른 브랜드와 협업했을 때 창의적인 상품이 많이 나오기 때문이에요. 대개 개인적으로 친분이 있는 브랜드와 작업하는 경우가 많아요. 우리가 하고 싶은 브랜드에 먼저 제안하는 편이죠. 방콕에서는 동종업계 브랜드끼리 사이가 안 좋은 경우가 꽤 있는데, 저는 그게 잘 이해가 안 돼요. 경쟁상대가 아닌 동료로 생각하며 함께 발전하면 더 좋지 않을까요?

그동안 협업을 진행한 브랜드로 어떤 것들이 있었나요?

파나룻 코마파스트르Khomapastr나 짐 톰슨Jim Thompson 같은 방콕을 대표하는 원단 브랜드와 협업한 시리즈 '샤미즈 필리그리Siamese Filigree'나 일본의 모자 브랜드 잼 Jam과 협업해 만든 '트로피컬 미스터리' 시리즈의 베레모 버전 등이 그 결과물들이에요.

모자에서 옷, 신발 등으로 제품군을 확장하기도 했어요.

파나룻 모자로 브랜드를 시작했지만, 무조건 모자만 만들겠다고 영역을 한정한 건 아니었어요. 점차 범위를 넓혀갈 생각이었거든요. 타 브랜드와의 협업이 다른 제품을 선보이는 기회가 된 적도 있었고요. 신발의 경우에는 신발을 제작하는 과정이 모자 제작 과정과 비슷한 부분이 많아서 신발 브랜드 뮤지나Muzina와 협업해서 만들게 되었어요. 의류는 예전에 나왔던 컬렉션인데 리넨 소재를 연구하다가 옷을 만들어도 좋을 것 같다는 생각에 제품 출시까지 이어졌죠.

단독 매장이나 해외로 진출할 생각은 없나요?

파나룻 다른 도시로 진출할 계획은 있어요. 해외로 나가서 일해보고 싶기도 하고요. 작년 가을에는 시부야에서 팝업스토어를 열기도 했고, 얼마 전에는 싱가포르에서도 입점 제안이 와 논의 중이에요. 저희는 단독 매장보다 해외로 먼저 진출하고 싶어요. 아직 태국은 특별한 일이 있을 때만 모자를 쓴다고 생각하거든요. 모자를 쓰고 길을 걸으면 사람들이 다 쳐다볼 정도예요. 태국에서 모자를 쓰면 멋 부린다는 인식이 있는 거죠. 서양을 비롯한 외국은 모자를 써도 크게 의식하지 않잖아요. 한국도 그렇고요. 태국 사람들도 자유롭게 모자를 썼으면 좋겠는데 아직은 시기가 이른 것 같아요.

두 분의 하루 일과가 궁금해요.

나파완 작업 공간이 집이니까 거의 일만 한다고 보면 돼요. (웃음) 주로 브랜드 관련된 일로 하루를 보내요. 아침에 일어나면 온라인 주문과 재고를 확인하고, 새로운 소재를 개발하면서 수시로 디자인 구상도 하죠. 그래도 저녁에는 개인 시간을 가지려 노력해요. 동네 도서관에도 가고 근처 룸피니 공원에서 조깅도 하고요.

방콕은 패션의 도시로 알려져 있어요. 그 이유는 무엇일까요?

나파완 방콕은 다양한 나라의 사람들이 찾는 세계적인 관광도시잖아요. 자연스럽게 아시아 도시에서는 드물게 세계의 거의 모든 패션 브랜드가 론칭한 도시가 되었죠. 덕분에 방콕 사람들은 패션을 쉽게 접할 수 있게 되었고, 그것이 방콕을 패션의 도시로 성장하는 결과를 낳았다고 생각해요. 그뿐만 아니라 방콕 기반의 유명한 패션 브랜드도 많이 생겨나고 있어요. 특히, 태국 브랜드들은 대개 브랜드에 태국의 정체성을 담으려는 경향이 강한 편이에요. 예컨대 세계적으로 유명한 태국 전통 실크 브랜드 짐 톰슨이나 태국 북부지방의 유기농 염료를 이용해 옷을 염색하는 식커 스튜디오Seeker Studios가 대표적이죠.

방콕이라는 도시의 매력은 무엇이라 생각하세요?

파나룻 방콕은 패션뿐만 아니라 예술의 도시로도 손색없어요. 어느 거리든 걷다 보면 박물관이나 미술관, 갤러리를 쉽게 찾을 수 있어요. 방콕을 찾는 여행자들이 방콕의 예술을 즐겼으면 좋겠어요.

나파완 그리고 세계의 모든 음식을 먹을 수 있다는 점을 빼놓을 수 없죠. 다른 나라에 가면 그 나라의 음식만 먹을 수 있는데, 방콕은 그렇지 않아요. 매 끼니를 다른 나라 음식으로 먹어도 될 만큼 음식점의 종류가 다양한 게 또 다른 매력이죠.

당신에게 영감을 주거나 좋아하는 도시와 도시 속 공간이 있다면요?

파나룻 가장 먼저 교토가 떠오르네요. 사실 교토 여행을 갔다가 어제 돌아왔거든요. 일본을 좋아해서 그곳으로 자주 여행을 가요. 이번에는 교토에 있다가 구라시키 Kurasiki라는 작은 도시를 방문했어요. 방콕처럼 자연과 조화를 이루는 공간이 많아서 좋았는데, 특히 과거 방적 공장을 개조해서 만든 전시장이자 문화공간인 아이비 스퀘어Ivy Square가 인상적이었어요.

향후 브랜드의 계획이 궁금합니다.

파나룻 새로운 컬렉션을 준비하고 있어요. 현재 주력하고 있는 제품군은 트로피컬 콘셉트인데, 이번에 나오는 컬렉션은 일상에서도 착용할 수 있는 상품들로 구성할 예정이에요. 지금은 모자, 의류, 신발 등 패션 아이템만을 만들고 있지만, 2~3년 후에는 팔리니 홈이라는 인테리어 브랜드를, 마지막에는 팔리니 카페를 운영하고 싶어요. 나파완이 요리를 정말 잘하거든요. (웃음)

SHOP INFO

Greyhound (Siam Center, Siam Paragon, Central Ladprao)

Muzina (Sukhumvit Soi 19)

Twentysecond (Siam Square Soi 2)

Ren (CentralWorld)

Matter Makers (Central Eastville, Mega Bangna, Graysorn Village)

The Selected (Siam Center, ICONSIAM)

Painkiller (Emquartier)

Roseman Club (Sukhumvit Soi 31, Graysorn Village)

Tost & Found (Seenspace Huahin, Seenspace Thonglor 13)

Aprilpoolday (Sathorn Soi 11)

Collective (The Street, CentralWorld)

Daddy And The Muscle Academy (Siam Square Soi 2, CNX)

Gloc (Ari Soi 2)

The Selected (Siam Center, ICONSIAM)

Siam Takashimaya (ICONSIAM)

The Lab Poshtel & Across The Universe Cafe (CNX)

Island (Lido)

MORE DETAILS facebook.com/palinibangkok

@palini_bangkok

머스탱 네로 호텔을 운영하는 조이 아난다 찰라드차로엔Joy Ananda Chalardchaloen은 방콕 내 유명한 패션 스타일리스트이자 아트 디렉터다. 요리와 빈티지 아이템을 좋아하는 그녀는, 자신의 취향을 '호텔'이라는 공간을 통해 표현하고 싶었다고 말한다.

3. | 머스탱 네로 호텔
대표 조이 아난다 찰라드차로엔 |

©The Mustang Nero Hotel

공간 이름 : 머스탱 네로 호텔
소개 : 패션 스타일리스트이자 아트 디렉터인 조이 아난다 찰라드차로엔이 자신의 취향을 공간에 전개한 호텔로,
빈티지 가구와 소품, 모두 다른 콘셉트로 구현한 8개의 객실이 매력적인 공간이다.
오픈년도 : 2015년
공간 콘셉트 : 우거진 식물과 박제된 동물들로 꾸민 전시관 같은 풍경
키워드 : 식물, 박제동물, 빈티지, 호텔
+
comment
각기 다른 여덟 가지 테마의 객실 / 손님의 식성에 맞춰 선보이는 조식

머스탱 네로의 마스코트이자 오너 조이가 키우는 고양이

아프리카를 테마로 꾸민 객실들

박물관을 연상시키는 호텔 로비

마음껏 먹어도 되는 커피와 빵

최근 새로 선보인 머스탱 네로의 일곱 번째 객실 펠리칸

객실 지브라에 놓인 이국적인 오브제들

식물들로 둘러싸인 검은색 건물의 입구는 유난히 분주했다. 입구 오른쪽에 놓여있던 식물들을 반대쪽으로 옮기는 작업이 한창이었다. 바빠 보였던 입구와는 다르게 호텔 안은 다소 한적했다. 박제된 동물들로 인해 과학실 같으면서도 무성한 초록빛 식물들을 보면 얼핏 식물원 같기도 한 호텔의 로비에 들어서자 오너 조이Joy가 키우는 새끼 고양이들이 먼저 우리를 반겼다. 살아있는 동물들과 움직이지 않는 동물들을 동시에 마주하고 있자니 묘한 기분에 사로잡혔다. BTS 쁘라 까농 역에서 5분 정도 걸어야 나오는 머스탱 네로 호텔The Mustang Nero Hotel은 방콕의 유명한 패션 스타일리스트 조이가 운영하는 부티크 호텔이다. 패션 스타일리스트와 호텔, 그리고 박제된 동물들의 연결고리가 좀처럼 와 닿지 않는 순간, "일상의 공간으로 구현된 하나의 예술 작품으로 받아들여 주셨으면 좋겠어요."라고 말하는 그녀의 말을 듣고서야 이곳의 비현실적인 풍경이 비로소 이해가 되었다.

호텔 밖이 분주해 보이네요.

입구 쪽의 배치를 바꾸고 싶어 요리조리 바꿔보던 중이었어요.

호텔에 대해 소개해주세요.

호텔은 2015년에 문을 열었어요. 이름은 제가 말을 좋아해서 머스탱mustang이라는 단어를 사용했고, 네로nero는 이탈리아어로 검은색을 뜻해요. 건물이 검은색이라 네로를 붙였죠. 그렇게 해서 머스탱 네로 호텔이라는 이름이 완성되었어요.

스타일리스트와 아트 디렉터 일을 하면서 어떻게 호텔을 운영하게 되었나요?

어릴 적부터 공간을 꾸미는 것과 요리하는 것도 좋아했어요. 새로운 사람을 만나는 것도 좋아하고요. 그것들을 한꺼번에 할 수 있는 일이 뭐가 있을까 생각하다 호텔 사업을 떠올렸죠. 여행자가 머물고 싶은 마음이 들게끔 객실을 꾸미고, 먹음직스러운 조식을 만들며 다양한 여행자를 만날 수 있는 호텔을 만들면 재미있을 것 같았어요.

호텔을 오픈하기까지 전반적인 과정을 설명해주세요.

가장 먼저 종이에 제가 하고 싶은 것들을 그렸어요. 호텔의 외관은 어떤 모습이면 좋을지, 열쇠 디자인은 어떻게 할지, 조식은 어떤 모양의 접시에 담고 어떻게 장식

할지 등 하고 싶은 모든 것을 일단 그려봤죠. 그런 것들을 참고하며 식기나 어매니티 같은 작은 소품부터 객실에 들일 가구를 구하러 방콕의 온 가게를 돌아다녔어요. 그런 다음 서비스 정신과 책임감이 있는 스태프로 팀을 꾸렸어요. 그 부분이 가장 중요하다고 생각했거든요. 그렇게 하나하나 준비했어요. 다른 사람의 도움을 받지 않고 혼자 준비해서 그런지 오픈하기까지 꽤 오랜 시간이 걸렸어요. 오픈 초기에 호텔을 홍보하기 위한 마케팅 플랜 같은 것도 생각하지 않았어요. 그저 사람들을 통해 조금씩 입소문이 나길 원했죠.

이제는 전세계 힙스터들이 방콕으로 여행 갈 때 이곳을 손꼽아요. 그 이유는 무엇이라 생각하나요?

사람들이 제가 생각한 호텔 콘셉트를 이해해서가 아닐까요? 단순한 호텔 객실로 여기는 것이 아닌 콘셉트가 있는 하나의 예술 공간으로 여겨지면서 입소문을 탄 것 같아요.

전반적인 호텔의 콘셉트에 관해 설명해주세요.

내 집이라 생각하고 꾸몄어요. 로비부터 객실까지 아트 디렉터로서 해왔던 개인 작업물을 모아둔 컬렉션이라 할 수 있어요. 식물은 어릴 적부터 좋아했고, 박제한 동물들은 제 친구들이나 다름없어요. 이것들의 조합은 과학실을 연상시키는데 그게 제가 의도했던 이 공간의 콘셉트에요.

소품과 가구들을 포함한 오브제들에 대해 조금 더 이야기해주세요.

호텔에 있는 모든 것들은 제가 직접 전 세계를 구석구석 돌아다니며 수집한 것들이에요. 방콕의 빈티지 숍이나 야시장, 플리마켓에서 구한 것도 있고요. 대부분의 박제 동물은 저와 비슷한 성향인 친구의 것들이에요. 아프리카를 포함한 전 세계에서 합법적으로 구매한 것들이죠.

호텔의 위치가 번화가와는 다소 떨어진 곳에 있어요. 왜 이곳에 문을 열게 되었나요?

저는 이곳이 수쿰윗과 그리 멀지 않다고 생각해요. 이 동네는 멋진 숍과 레스토랑, 카페가 많아요. BTS 역도 가깝고요. 예전에 이 근처에서 대학교를 다녔었어요. 그래서 저에게는 이 지역이 어느 곳보다 익숙하죠. 쇼핑하고, 국수를 먹고 지금은 심지어 일도 이 근처에서 하고 있어요.

호텔을 운영하는 자신만의 철학이 있나요? 꼭 지키려 하는 철칙이라든지요.

모든 부분에서 항상 최고여야 한다는 것이 제 철칙이에요. 제가 완벽주의 성향이라 사소한 부분도 흐트러지면 안 된다 생각해요. 호텔 경영은 특히 더 그렇고요.

조식도 직접 만드는 것으로 알고 있어요.

조식은 제가 가장 신경 쓰는 것 중에 하나예요. 잼 하나도 직접 수제로 만들어서 제공하고 있어요. 호텔을 오픈하고 1년 정도는 조식 메뉴를 위해 세계 곳곳에서 오는 사람들이 어떤 음식을 좋아하고 싫어하는지 매일 연구하고 공부했어요. 또, 그들이 채식주의자는 아닌지, 특정한 음식에 관한 알레르기가 있는지도 꼼꼼하게 체크했고요. 그렇게 신경 써야 할 것들이 점점 많아지니 사실 스트레스를 받을 때도 많아요. 그래도 손님들이 우리가 준비한 조식을 맛있게 먹고 웃는 얼굴로 호텔을 나서는 걸 볼때 보람을 느껴요.

여덟 개의 객실에 대해서도 소개해주세요.

객실들은 저의 아트워크라고 말할 수 있어요. 객실 이름부터 색감, 가구 배치까지 객실마다 다른 테마로 구성했어요. 모든 방에 똑같은 침대를 놓는 게 더 쉽긴 하겠지만 8개의 객실 모두 다른 침대를 들였어요. 식물과 조명도 마찬가지고요. 방금 말했듯이 객실 하나하나가 저의 예술 작품이고, 그래서 모든 객실이 전혀 다른 공간처럼 느껴지도록 구성하고 싶었어요. 요즘은 객실에 들일 작은 탁자를 찾고 있어요. 얼마 전에 멋진 탁자를 하나를 구했거든요. 그러니 이젠 다른 방에 어울릴 만한 탁자 일곱 개를 더 구해야 해요. (웃음)

기억에 남는 손님이나 에피소드가 있다면요?

많은 손님이 이곳을 떠날 때 그림이나 사진을 남겨놓아요. 고맙다는 메모를 남겨주시기도 하고요. 2층 객실로 올라가는 길 복도에 손님들이 남겨두고 가신 것들을 한데 모아 걸어두었어요. 그런 사소한 것들에 기운을 얻어요. 너무 감사한 일이죠.

방콕의 호텔은 그동안 럭셔리하고 휴식에 중점을 두는 경우가 대부분이었어요. 하지만 머스탱 네로 호텔은 그에 반하는(스파 서비스도, 레스토랑도 없는) 행보를 보이는데, 이 같은 흐름이 현재 태국의 호텔 트렌드와 연결성이 있나요?

연결성이 있는 것 같으면서도 없는 것 같아요. 호텔이 이런 서비스부터 저런 서비스까지 제공한다는 건 사업가나 호텔 투자자의 뜻에 따라 다 다르지 않을까요? 머스탱 네로 같은 경우는 지금 정도가 딱 제가 감당할 수 있는 규모예요. 저 혼자서 운영하니까요. 호텔 트렌드 같은 건 저에게 영향을 미치지 않아요. 그것들을 따를 생각도 없고요.

방콕에서의 일상은 어떤가요?

특별한 건 없어요. 다른 사람들처럼 아침은 엄청 바빠요. 아침 일찍 호텔에 가서 조식을 만들어야 하거든요. 방콕의 아침 길거리엔 두유와 도넛을 손에 들고 오토바이 택시를 탄 사람들을 많이 볼 수 있어요. 그중 한 명은 저고요. (웃음) 조식 시간이 끝나면 제 본업인 스타일리스트 일을 하러 다시 호텔을 나서요. 일이 없을 땐 오늘처럼 호텔 관리를 계속하고요.

특별히 즐겨 찾는 장소나 숍을 소개해주세요.

왕궁 근처에 있는 밋 코 유안Mit Ko Yuan이라는 오래된 음식점에 자주 가요. 빈티지한 공간에서 먹는 똠얌꿍은 정말 최고예요. 방콕에서 제일 맛있다고 자신할 수 있어요. 엠쿼티어 백화점에 있는 사바SAVA도 좋아해요. 신선한 스프링 롤을 먹을 수 있거든요. 사실 제 지인이 운영해서 자주 가는 거지만요. (웃음)

현지인만이 알고 있는 방콕만의 매력이 있다면요?

방콕 사람들은 하나같이 모두 친절해요. 여행자를 경계하지 않거든요. 방콕 여행을 망설이고 있다면 걱정하지 말고 놀러 오셨으면 해요. 숙박은 꼭 머스탱 네로에서 하시고요!

당신이 방콕 여행자라고 가정하고, 하루 일정을 계획한다면 어떤 곳을 다니고 싶나요?

아침에 가장 먼저 왕궁에 갈 것 같아요. 뭐니뭐니해도 왕궁은 방콕 하면 떠오르는 이미지라고 생각해요. 화려하고 웅장한, 방콕의 가장 대표적인 랜드마크니까요. 왕궁을 다 감상했다면, 근처에 위치해있는 '왓프라깨오' 사원과 '시암 뮤지엄'을 함께 감상해도 좋을 것 같아요. 그다음엔 차오프라야 강 근처에서 점심을 먹고 쇼핑을 즐기는 걸 추천해요. 이곳에서 수상 보트나 수상 버스, 수상 뷔페 등 색다른 경험을 할 수 있는 것들도 많거든요. 마지막으로 저녁엔 수쿰윗으로 이동해서 근사한 저녁을 먹고 마사지를 받고 일정을 마무리하겠어요.

다양한 여행자들과 만나는 일을 하면서 힘든 점은 없나요?

저는 호텔을 경영하기 전에 많은 사람을 만나야 하는 아트 디렉터 일을 하고 있었어요. 힘든 점은 딱히 없어요. 새로운 사람을 만나는 걸 좋아하기도 하고요. 행여 실수하더라도 아무런 상관이 없어요. 모든 실수는 저를 더 나아지게 하니까요.

사람들은 이곳을 어떻게 인식하길 바라나요?

이곳을 찾는 사람들이 감상할 수 있는 공간을 만들고 있어요. 한마디로 제가 선보이는 예술을 공유하는 셈인 거죠. 빈티지 식기부터 객실에 놓인 가구들, 로비를 가득 채운 나무들과 박제된 동물들까지, 더 나아가 이 공간 전체를 이용해서요. 그러니 이곳을 단순히 하룻밤 묵고 가는 호텔이 아니라, 일상의 공간으로 구현된 하나의 예술 작품으로 받아들여 주셨으면 좋겠어요.

머스탱 네로 호텔에서 새로 준비하고 있거나 진행 중인 프로젝트가 있나요?

지금은 딱히 새로 준비하고 있는 건 없어요. 얼마 전에 '펠리칸Pelican'과 '플라밍고Flamingo'라는 객실을 새로 오픈했거든요. 아, 탁자 구하러 다녀야 하네요. 일곱 개를 전부 구하려면 얼마나 걸릴까요? (웃음)

SHOP INFO 1112/91-93 Soi Daimaru Department, Phra
Khanong, Khlong Toei, Bangkok 10110
TEL +66 99 470 3314
MORE DETAILS facebook.com/themustangnero

방콕의 독특한 특색이 담긴 로컬 숍

LIVE No. 2
LOCAL BUSINESS & TRAVEL MAGAZINE:
BANGKOK

LOCAL SHOP

방콕은 세계의 거의 모든 음식을 먹을 수 있는 도시로 유명하다. 전통과 현대가 어우러진,
길거리 음식부터 다이닝 바까지 다양한 맛의 스펙트럼을 경험할 수 있다.

THE COMMONS

더 커먼즈

방콕의 가로수길로 불리는 수쿰윗 소이 55를 따라 올라가다 보면 식물과 조화를 이루는 거대한 복합문화공간 더 커먼즈The Commons가 나타난다. 다양한 나라의 음식을 푸드코트 형식으로 선보이는 마켓market, 정원을 중심으로 작은 사치를 부릴 수 있는 상점들이 자리한 빌리지village, 친구들 혹은 가족 단위로 함께 즐기는 플레이 야드play yard, 시원한 잔디밭과 파란 하늘이 어우러진 풍경에서 식사할 기회를 제공하는 탑 야드top yard까지 총 네 군데로 공간을 구분해놓았다. 문을 연 지는 오래되지 않았지만, 커먼즈 키친 워크숍, 프라이빗 파티 등 거의 매일 여러 가지 재미있는 행사가 열려 국적과 나이를 불문하고 누구나 찾는 공간이 되어가는 중이다. 은은한 음악과 사람들의 말소리가 끊임없이 들리는 이곳, 더 커먼즈. 자연과 어울리는 공간을 만들어 양질의 삶을 즐기는 커뮤니티를 만들겠다는 그들의 운영철학을 고스란히 느낄 수 있을 것이다.

SHOP INFO 335 (Thong Lor 17), 55 Sukhumvit Rd,
Klongtan Nue, Wattana, Bangkok 10110
TEL +66 89 152 2677
OPEN 8am – 1am
MORE DETAILS thecommonsbkk.com

EMMIE'S

에미스

에미스Emmie's는 형제가 운영하는 레스토랑이다. 그들이 이곳을 만들어가던 2년 전, 형의 아내 에미는 유방암을 앓았다. 형제는 아픔을 이겨내길 바라는 마음으로 레스토랑에 그녀의 이름을 붙였고, 그들의 간절한 사랑 덕분인지 에미는 건강을 되찾았다. 이처럼 파릇파릇한 식물이 생기를 돋우는 2층짜리 건물에서 두 사람은 따뜻한 마음을 담은 음식을 판매한다. 당근과 감자를 곁들인 로스트 치킨, 치미추리 소스를 얹은 양갈비 스테이크, 맥 앤 치즈 등 캐주얼한 웨스턴 스타일 음식들과 신선한 과일을 듬뿍 넣은 주스, 맥주와 와인까지 갖췄다. "우리는 이곳을 가족과 친구들이 모일 수 있는 공간으로 만들고자 했어요. 그래서 공간의 모든 것에는 사랑이 담겨 있어요. 작은 컵 하나에도요." 진심 어린 사랑이 담긴 음식을 맛보고 싶다면, 에미스에 방문하는 것을 추천한다.

SHOP INFO 387, Rama 9 Soi 49, Bangkok 10250
TEL +66 97 237 9777
OPEN 8am – 10pm
MORE DETAILS @emmiesbkk

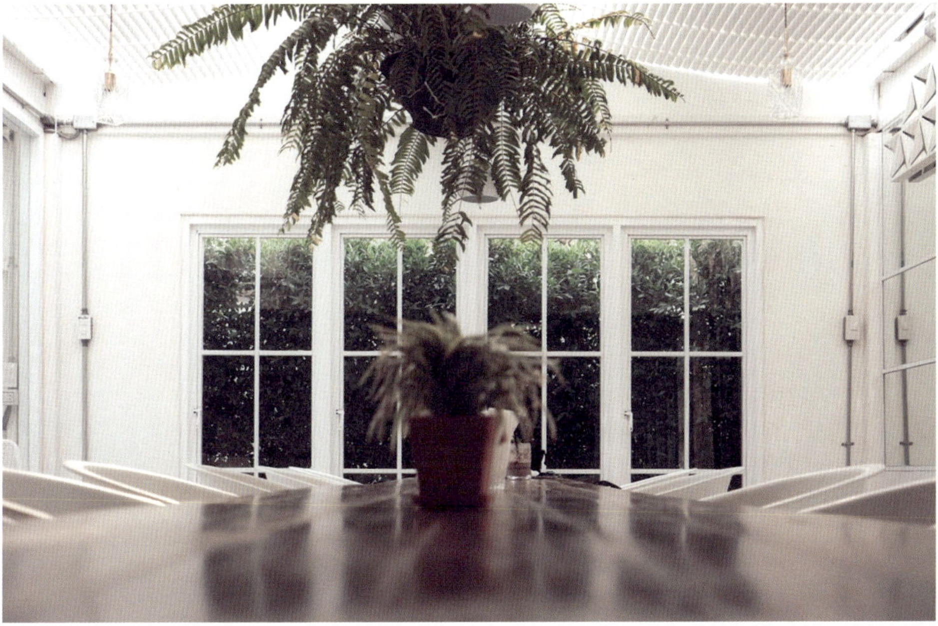

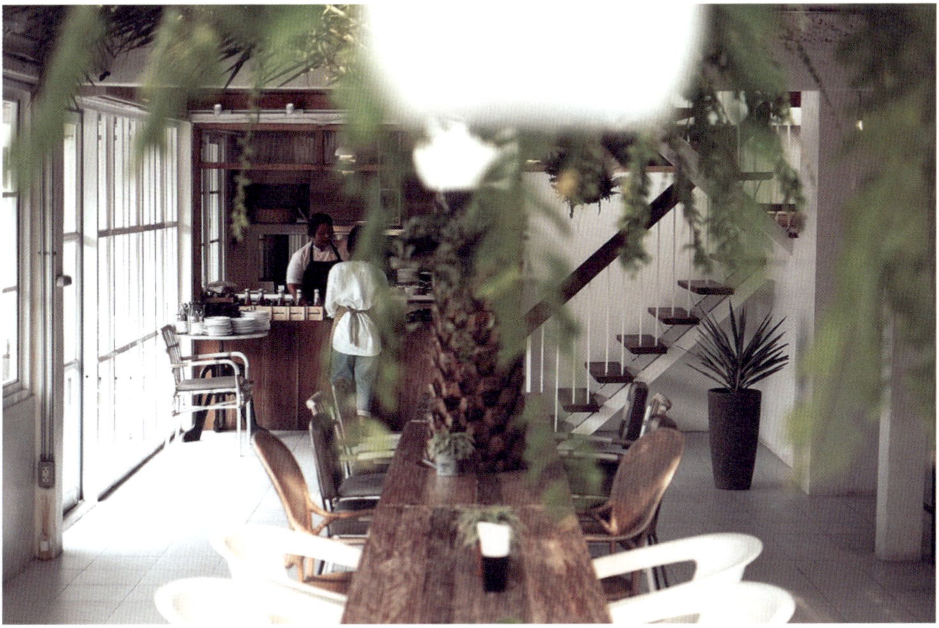

SIMMER BY PRAHA

시머 바이 프라하

시머Simmer의 설립자 프라하Praha는 이곳의 문을 연 이래로 줄곧 직접 주방에서 일하고 있다. 디자인을 전공한 그는 자신이 꾸민 공간에서 손수 만든 태국 요리를 내보이고 싶었다고 한다. 덕분에 이모에게 각종 조리법을 전수 받는 것부터 시작해 메뉴 개발, 공간 디자인, 벽에 장식할 작은 사진 하나까지 정성을 쏟지 않은 곳이 없다. 태국 음식은 낮은 온도에서 재료를 은근히 끓이는 요리법인 시머링simmering을 이용해 지역색이 뚜렷한 것이 특징인데, 이 집의 음식이 그렇다. 레스토랑 이름이 '시머'로 시작하는 것도 같은 이유다. 프라하가 레스토랑을 운영하며 가장 중요하게 여기는 것은 무엇보다 친밀함이다. 덕분에 매일 그는 고객과 직원, 매장을 거쳐 가는 모든 이들과 가까워지기 위해 노력한다. 음식뿐 아니라, 고객과 직원 모두가 레스토랑에서 빼놓을 수 없는 것이므로.

SHOP INFO 130-132 Witthayu Rd, Lumphini, Pathum wan
District, Bangkok 10330
TEL +66 62 471 9968
OPEN 10:30am – 8pm
MORE DETAILS facebook.com/simmerbypraha
@simmerbypraha

SALA RATTANAKOSIN EATERY AND BAR

살라 라타나코신 이터리 앤 바

차오프라야 강 건너편의 왓 아룬 사원을 한눈에 볼 수 있는 전망을 자랑하는 호텔 살라 라타나코신 방콕Sala Rattanakosin Bangkok. 그곳의 1층에 자리한 살라 라타나코신 이터리 앤 바Sala Rattanakosin Eatery and Bar는 태국의 훌륭한 분위기를 즐길 수 있는 바 & 레스토랑이다. 특히 강의 야경을 보며 시간을 보낼 수 있는 데크석은 대부분 만석일 정도로 인기가 많다. 또, 팟팍붕pad pak bung(모닝글로리 볶음)이나 튀김 옷을 입힌 망고 요리와 같이 지역색이 강해 선뜻 도전하기 어려운 음식도 모든 사람이 좋아할 수 있는 입맛으로 새롭게 정비했다. 좋은 음식과 산뜻한 칵테일, 그리고 왓 아룬 사원의 전망을 누리고 싶은 이들에게 추천한다. 단, 예약은 필수다.

SHOP INFO 39 Maha Rat Rd, Phra Borom Maha
Ratchawang, Phra Nakhon, Bangkok 10200
TEL +66 2 622 1388
OPEN Breakfast 7am – 10:30am, Lunch 11am – 4:30pm
Dinner 5:30pm – (Last Order) 10pm
MORE DETAILS salarattanakosin.com @ salarattanakosin

BITTERMAN

비터맨

실롬의 살라 댕 거리에 지어진 지 40년이 넘은 오래된 집을 개조해 문을 연 비터맨Bitterman은 브루클린의 레스토랑과 카페에서 영감을 받아 탄생했다. 특히 인더스트리얼Industrial 인테리어와 온실을 연상하게 하는 식물들이 조화를 이루어 독특한 분위기를 연출했다. 이곳은 아시아 음식과 미국 음식을 적절히 섞은 퓨전 메뉴를 선보이는데, 바싹 튀긴 게를 이용해 만든 햄버거 '오!크랩Oh!CRAB' 과 피시 소스로 양념한 닭 날개 요리 '피시 소스 치킨Fish-Sauce-Chicken' 등이 대표적이다. 독특한 인테리어와 흔하지 않은 메뉴로 입소문을 타기 시작한 비터맨은 여행자들의 방콕 여행 코스에 빠질 수 없는 장소로 손꼽힌다.

SHOP INFO Sala Daeng 1 Alley, Khwaeng Silom, Khet Bang Rak, Bangkok 10500
TEL +66 2 636 3256
OPEN 11am – 11pm
MORE DETAILS www.bittermanbkk.com @bitterman_bkk

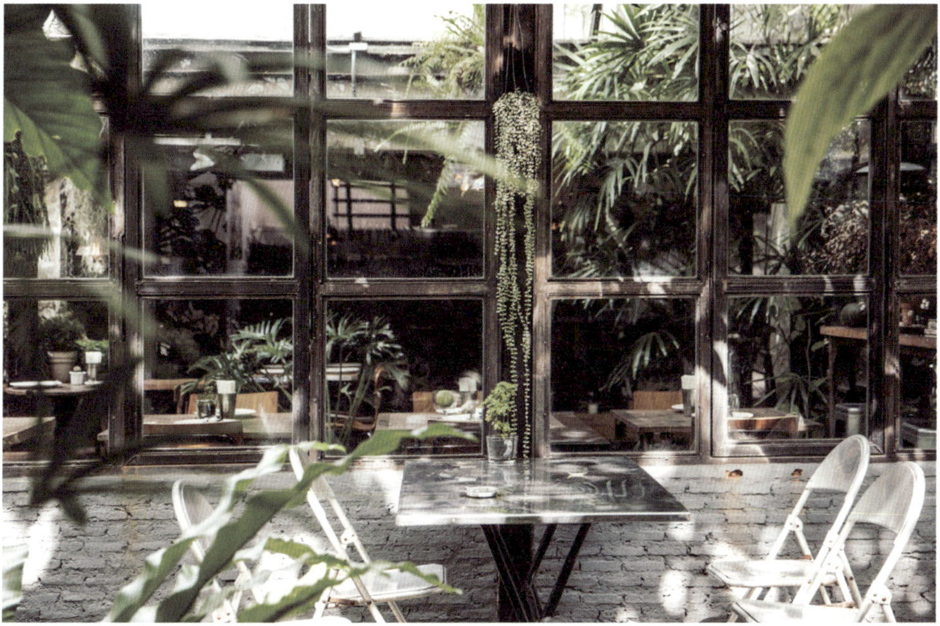

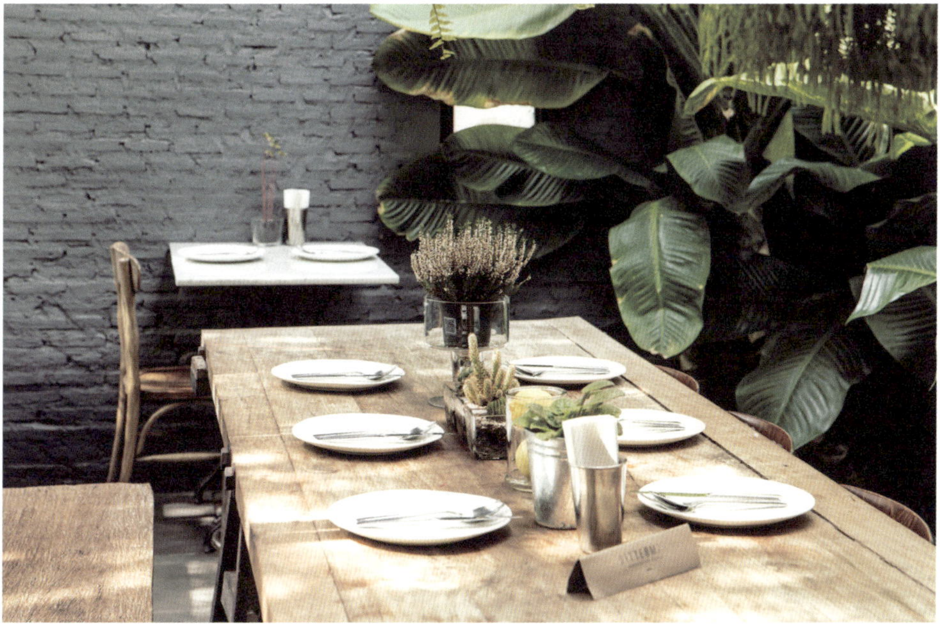

WWA X CHOOSELESS CAFE

더블유더블유에이 바이 추즈리스 카페

시암 스퀘어의 매장에서 카페를 함께 운영하는 패션 브랜드 WWA와 기준에 따라 고른 최고의 물건을 선보이는 패션 부티크 추즈리스CHOOSELESS는 오랫동안 친구로 지내온 사이다. 두 브랜드는 사람들이 좋은 음식과 패션을 즐기며 특별한 시간을 보낼 수 있는 공간을 만들고 싶은 마음으로 함께 새 공간을 열었다. 한 지붕 아래에서 두 브랜드는 각기 다른 콘셉트의 음식을 선보이며 색다른 분위기를 만들어 낸다. WWA는 영국 출신 셰프 다비나 픽커링Davina Pickering이 만드는 유럽 스타일 음식과 디저트를, 추즈리스는 매일 다른 태국 음식과 질 좋은 커피를 제공한다. 자유로운 테이블 배치를 공간에 새로움을 주는 또 다른 요소다. 특별한 때에는 이곳의 배치를 완전히 새롭게 바꾸기도 한다. "그저 한 잔의 커피를 원할 때도, 친구나 가족과의 만찬을 즐기고 싶을 때도 찾을 수 있는 곳이 되었으면 해요. 우리는 고객들이 언제든 편히 쉴 수 있는 공간을 만들고 싶어요."

SHOP INFO 77 Ekkamai 21 Alley, Khlong Tan Nuea, Watthana, Bangkok 10110
TEL +66 2 006 4349
OPEN 12pm – 9pm 수-금, 10:30am – 9pm 토-일, 월-화 휴무
MORE DETAILS www.wwa.co.th

ROCKET COFFEEBAR

로켓 커피바

로켓 커피바Rocket Coffeebar는 스웨덴에서 온 세 남자와 보스턴에서 온 한 남자가 함께 만든 카페다. 네 남자는 스톡홀름과 시드니, 샌프란시스코의 카페 산업에서 받은 영감을 방콕에 펼쳐냈다. 카페의 이름인 '로켓'은 커피를 뜻하는 은어 '로켓 연료'에서 따 왔다. 커피가 마치 제트 연료처럼 아침을 가동하는 역할을 한다는 점에서 쓰이는 말이다. 낮에는 가볍게 브런치를 먹는 공간이었다가, 밤에는 스타일리시한 칵테일바로 변신하는 로켓 커피바는 콜드 브루와 에스프레소 커피는 물론, 달걀과 연어, 닭고기 등 건강한 재료로 만든 간단한 식사 메뉴와 칵테일까지 갖췄다. 특히 샌프란시스코에서 가져온 '팜-투-테이블farm-to-table(직접 기른 농작물을 식탁에 올리는 운동)' 콘셉트를 차용해 모든 음식을 만들기 때문에 건강한 식사를 양질의 커피와 함께 즐길 수 있는 것이 이곳의 가장 큰 장점이다.

SHOP INFO 149 Sathon Soi 12 Alley, Silom, Bang Rak, Bangkok 10500
TEL +66 96 791 3192
OPEN 7am – 8pm
MORE DETAILS facebook.com/rocketcoffeebar
@rocketcoffeebar
이외 지점 인덱스 참고

HANDS AND HEART

핸즈 앤 하트

모노톤의 깔끔한 공간 구성, 디자인 감각이 돋보이는 시그너처 음료 콜드 브루 보틀, 그리고 공간을 완연히 채우는 채광까지, 핸즈 앤 하트Hands and Heart는 카페가 성공하는 데 필요한 세 가지 요소를 모두 갖춘 곳이다. 내가 마신다는 '마음heart'으로 커피를 내려 당신의 '손hands'에 커피라는 휴식을 쥐어주겠다는 의미가 이름에 담겨있다. 그들은 커피로 이어진 커뮤니티, 공급 파트너와 바리스타, 소비자들 간의 관계를 우선시하겠다는 뜻을 담은 '커피후드coffeehood'라는 단어를 운영 철학으로 내세운다. BTS 통러 역 근처의 수쿰윗 점은 대리석 소재를, 시암 스퀘어 점은 메탈릭 소재를 인테리어 테마로 구성해 비슷하면서도 다른 분위기를 띠니 두 곳 다 가보는 것을 추천한다.

SHOP INFO 33 Sukhumvit 38 Alley, Khwaeng Phra Khanong, Khlong Toei, Bangkok 10110
TEL +66 2 074 2014
OPEN 7am – 7pm
MORE DETAILS facebook.com/handsandheartcoffee
@handsandheartcoffee

EKKAMAI MACCHIATO

에까마이 마키아토

이곳의 시그너처 메뉴이기도 한 마키아토는 이탈리아어로 점을 찍는다(marking)는 뜻으로, 캐러멜 마키아토로 잘 알려진 커피의 한 종류이기도 하다. 우유 위에 캐러멜 얼룩을 덧입었다는 뜻의 캐러멜 마키아토처럼 에까마이 지역에 커피 얼룩을 입히고 싶어 에까마이 마키아토Ekkamai Macchiato 라고 이름을 지은 에까마이 마키아토는 오래된 집의 외벽과 내부를 하얀색 페인트로 칠하고 목재 인테리어와 조화시켜 마치 미국 작은 도시의 집을 연상하게 한다. 1층은 카페, 2층은 코워킹 스페이스로 커피 내음이 은은하게 퍼지는 업무공간이 카페와는 또 다른 분위기를 자아낸다. 방콕의 교통체증과 시끄러운 도시 소음에 지쳤다면 한적한 에까마이 소이 12 대로변에 자리한 이곳에서 쉬어가는 걸 권한다.

SHOP INFO 2 Ekkamai Soi 12, Bangkok 10110
TEL +66 80 169 9824
OPEN 8am – 5pm 일-월, 8am – 2pm 화
MORE DETAILS facebook.com/ekkamaimac @ekkamaimac

CASA LAPIN

카사 라팽

카사 라팽Casa Lapin은 '토끼의 집'을 뜻하는 프랑스어다. 4년 동안 어느새 8개 지점을 낸 이곳은 원래 집을 옮겨 다니는 토끼처럼 장소를 옮겨 다니는 작은 커피 스탠드였다. "커피는 태국 사람들의 삶에서 커다란 부분이 되어가고 있다고 생각해요. 카사 라팽이 친구들과 시간을 보내거나 업무를 보고, 때로는 새로운 영감을 얻기 위해 찾는 장소가 되었으면 합니다." 커피를 아주 좋아하는 건축가 수라판 탄타Surapan Tanta가 그가 다니는 건축 디자인 회사 비 그레이Be Grey와 함께 좋은 커피와 함께 편안히 시간을 보낼 수 있는 공간을 만든 것이 그 시작이다. 붉은 벽돌과 은은한 조명, 밝은 목제 가구와 화사한 식물 덕에, 이곳은 토끼 집처럼 친밀하고 아늑한 분위기를 자아낸다. 프렌치 프레스, 에어로프레스, 사이펀 등 다양한 방식으로 내린 커피는 커피 애호가들의 발길을 붙잡는다.

SHOP INFO Casa Lapin Speciality Coffee x26, 51 Sukhumvit 26, Khlong Tan, Khlong Toei, Bangkok 10110
TEL +66 2 000 5546
OPEN 8am – 10pm
MORE DETAILS www.casalapin.com @casalapin
이외 지점 인덱스 참고

KAIZEN COFFEE

카이젠 커피

2013년 시드니에서는 커피가 새로운 트렌드로 떠올랐다. 도시 곳곳에 카페가 생겨나던 때 태국의 세 친구는 그곳에서 파트타이머 바리스타로 일하고 있었다. 커피 산업이 예술 분야는 물론 도시 전체에 활력을 불어넣는 모습을 보며, 이들은 커피를 향한 열정을 방콕 사람들과 함께 나누는 꿈을 키웠다. 카이젠 커피Kaizen Coffee는 2015년, 세 친구가 그 꿈을 실현한 공간이다. 그들은 이곳에서 호주에서 즐겨 마시는 롱 블랙long black, 플랫화이트flat white, 핸드 드립 등 다양한 스페셜티 커피를 만든다. 카이젠은 일본어로 "더 나은 것을 위한 변화"를 뜻하는데, 그 이름처럼 초심을 잃지 않고 커피를 통해 성장하고 싶다고 말한다. 커피에 열정을 가진 젊은 바리스타를 양성하기 위한 주춧돌로 자리 잡는 것이 그들의 최종 목표다.

SHOP INFO 888 6-7 Ekkamai Rd, Khlong Tan Nuea,
Watthana, Bangkok 10110
TEL +66 95 312 0301
OPEN 8am – 6pm
MORE DETAILS www.kaizencoffeeco.com @kaizencoffeeco

ROAST COFFEE

로스트 커피

로스트 커피Roast Coffee 매장에는 손님들에게 매일매일 신선하게 로스팅한 커피와 건강한 음식을 전하고 싶은 마음이 깃들어있다. 다이닝 카페 로스트에서는 스페셜티 커피는 물론, 올데이 브런치를 비롯해 스타터부터 디저트까지 아메리칸 스타일 음식을 판매한다. 그중에서도 기억해야 할 메뉴는 '아이스 에스프레소 라떼'다. 큐브 모양으로 얼린 에스프레소에 고운 우유 거품을 얹은 잔과 작은 우유 한 병이 나오는데, 직접 우유를 부어 원하는 농도로 마실 수 있다. 좌석 12개의 작은 카페에서 출발한 로스트는 현재 각기 다른 콘셉트의 매장을 여럿 운영하고 있다. 각 매장이 큰 인기를 끌고 있음에도 절대 나태해지지도 않는다. 성장하는 팀원들과 매일같이 하는 일들을 멈추지 않고 계속해나가는 것이 그들에게는 그 무엇보다 중요하다고 믿기 때문이다.

SHOP INFO the COMMONS
335 Thong Lor Soi 17, Sukhumvit 55, Klongton Nua, Wattana, Bangkok 10110
TEL +66 2 185 2865
OPEN 10am – 11pm 월–목, 9am – 11pm 금–토, 9am – 10pm 일
MORE DETAILS www.roastbkk.com @roastbkk
이외 지점 인덱스 참고

PRINTA CAFÉ

프린타 카페

방콕에서 가장 번화한 상업 지구 중 하나에 자리한 프린타 카페Printa Cafe는 이른 아침부터 하루를 시작한다. 북적거리는 길거리를 벗어나 매장에 들어서면 밝고 군더더기 없는 인테리어에 마음이 편안해진다. 인테리어와 메뉴는 웨스턴 스타일을 지향하지만, 매장 곳곳에 각종 보태니컬 소품을 배치해 방콕만의 매력을 더했다. 공간을 특별하게 만드는 또 다른 요소는 태국의 아이웨어 브랜드 글라찌크Glazziq의 쇼룸을 겸한다는 점이다. 한쪽에 마련된 쇼룸에서는 좋은 소재로 견고하게 만든 안경을 자유롭게 써 보고 온라인으로 간편하게 주문을 할 수도 있다. 문을 연 지 오래되지 않은 가게인 만큼, 프린타는 고객의 피드백을 세심히 받아들여 더 나은 경험을 제공할 방법을 찾겠다는 포부가 가득하다.

SHOP INFO 36/2 Pan Rd, Silom, Khet Bang Rak, Bangkok 10120
TEL +66 95 542 4575
OPEN 8:30am – 6pm, 수 휴무
MORE DETAILS facebook.com/printacafe @printacafe

3NVY

엔비

3nvy는 설립자 산야톤 와자노파스Thanyatorn Vajanopath가 자신의 성격과 취향을 그대로 보여주는 카페다. 건축과 플래닝 디자인을 전공한 그녀는 런던의 르 코르동 블루Le cordon bleu에서 제과제빵 과정을 수료했다. 그 후 방콕으로 돌아와 온라인 디저트 숍을 운영하며 경력을 차근차근 쌓다가 4년 뒤에야 3NVY를 개점했다. 3nvy라는 이름은 '부러움envy'의 'E'를 뒤집어 그녀가 좋아하는 숫자 3을 붙여 만들었다. 입구에 들어서면 보이는 1층의 꽃 벽화와 초록 식물로 가득한 2층은 마치 깊은 숲속을 연상케 한다. 음식들 역시 동화에서나 나올 것 같은 아기자기한 장식이 특징이다. 어릴 적 동화 속 세상을 부러워했던 것처럼 이곳을 찾는 사람들에게 과거에 느꼈던 추억과 그리움을 이곳에서 다시금 떠올리게 하는 것이 그녀의 바람이다.

SHOP INFO 1246 Rama IV Rd, Thung Maha Mek, Khlong Toei, Bangkok 10120
TEL +66 84 459 6266
OPEN 11am – 9pm 화-토, 9am – 3:30pm 일, 월 휴무
MORE DETAILS facebook.com/3nvycafe

SIMPLE DAY

심플 데이

서울의 '커먼 그라운드Common Ground'를 떠오르게 하는 더 블록The Bloc에 자리한 심플 데이Simple Day는 아이스크림과 핫케이크, 쿠키를 판매하는 사랑스러운 디저트 카페다. 눈 달린 초콜릿 쿠키, 바닐라 쿠키를 얹은 아이스크림, 앙증맞은 표정이 그려진 핫케이크까지, 먹기 아까울 정도의 예쁜 디저트들로 유명한 이곳은 유난히 여성 여행자들이 많이 찾는다. 한쪽에는 메이플 시럽, 꿀, 그래놀라 등 심플 데이에서 직접 만든 수제 음식을 병에 담아 판매하며 선물용으로도 많이 구매한다. 방콕의 무더운 날씨에 지친 여행자들이 머물러 휴식을 취하기 제격인 곳이다.

SHOP INFO 94 Ratchaphruek Rd, Bang Ramat, Taling Chan, Bangkok 10170
TEL +66 85 370 6367
OPEN 10am – 10pm
MORE DETAILS facebook.com/simpledaycafe
@simpleday_cafe

THE NEVER ENDING SUMMER

네버 엔딩 썸머

잼 팩토리 입구에서 쭉 직진해 들어오면 사람들이 들락거리는 큰 창고가 하나 있다. 하지만, 그곳은 창고가 아닌 2013년에 문을 연 태국 음식 레스토랑 네버 엔딩 썸머The Never Ending Summer다. 건축가 두앙릿 붓낙Duangrit Bunnag은 자신이 만든 잼 팩토리에 어린 시절부터 알고 지낸 나리 부냐키애뜨Naree Boonyakiat와 레스토랑을 열었다. 네버 엔딩 썸머에서는 나리 본인이 어린 시절에 즐겨 먹던 태국 음식들을 선보인다. 태국의 전통 음식들을 젊은 층뿐만 아니라 여행자들의 입맛까지 만족하게 할 수 있게 품격을 높였다.

SHOP INFO 41/5 Charoen Nakhon Road Khlong San
Bangkok 10600
TEL +66 2 861 0953
OPEN 11am – 11pm
MORE DETAILS facebook.com/TheNeverEndingSummer

CRAFT BREAD

크래프트 브레드

빵을 만드는 일은 반죽을 다듬는 과정마다 손을 써야 하는 것은 물론, 마치 수제품을 만드는 것처럼 섬세한 주의를 필요로 한다. 크래프트 브레드Craft Bread는 이런 속성에서 따온 이름이다. 10년간 스튜어디스로 일한 이곳의 설립자는 건강 문제로 일을 이어가는 것이 힘들어지자 자신을 치유할만한 무언가를 찾았다고 한다. 우연히 참가한 제빵 워크숍에 참여하며 자신의 흥미를 발견한 그녀는 직접 만든 빵을 지인에게 나눠주고 소셜 미디어에 포스팅하기 시작했는데, 그것이 지금의 크래프트 브레드로 이어졌다. 건강을 위해 만든 100% 통밀빵은 이곳의 시그너처 메뉴다.

SHOP INFO Sammakorn village Soi Ramkhamhaeng 112
Khwaeng Saphan Sung Khet Saphan Sung, Bangkok 10240
TEL +66 89 691 8242
OPEN 10am – 6pm 토-일, 월-금 휴무
MORE DETAILS facebook.com/craftbread

BROCCOLI REVOLUTION

브로콜리 레볼루션

은행이었던 공간을 초록색 식물들로 우거진 공간으로 탈바꿈시킨 브로콜리 레볼루션Broccoli Revolution 은 채식 레스토랑이자 콜드프레스 주스 바Cold Pressed Juice Bar다. 유기농 채소와 과일로 만든 먹거리를 제공해 균형 있는 삶을 지향하도록 도와주는 것이 이곳의 목표다. 이탈리아와 남아메리카 음식부터 베트남이나 미얀마 음식까지, 다양한 나라의 음식을 고기 대신 채소를 넣어 만든 요리로 바꾸어 선보인다. 그중 미얀마식 찻잎 샐러드, 브로콜리와 퀴노아로 만든 패티를 넣은 차콜 버거가 브로콜리 레볼루션의 대표 메뉴다.

SHOP INFO 899, Sukhumvit Rd, Khlong Tan Nuea,
Watthana, Bangkok 10110
TEL +66 95 251 9799
OPEN 7am – 10pm 토-일, 9am – 10pm 월-금
MORE DETAILS broccolirevolution.com
@broccolirevolution

태국 정부와 트렌드를 주도하는 인플루언서를 통해 전통의 멋과 현대적인 감각을 동시에 느낄
수 있는 방콕만의 색다른 문화가 만들어지고 있다.

MACHINE AGE WORKSHOP

머신 에이지 워크숍

"산업혁명 때의 미국이야말로 진정한 황금기였다고 생각합니다. 우리 가게는 그 시대에 멈춰있어요." 자신을 풀타임 셰프이자 파트타임 정크 컬렉터로 소개하는 머신 에이지 워크숍Machine Age Workshop의 주인 데이비드 뱅크David Bank는 말한다. 세련되고 깔끔한 물건들을 선보이는 가게들이 생겨나고 있는 에까마이에 자리한 머신 에이지 워크숍은 반대로 더 오래되고 낡은 물건들을 수집하고 판매한다. 뉴욕 여행 중 봤던 오래된 창고에서 받은 영감을 바탕으로, 공간 곳곳을 나름의 테마를 정해 다양하게 구현했다. 공간에 들어설 때 나는 퀴퀴한 냄새의 주인은 산업혁명 때 사용되었던 미국의 가구와 공예품들, 즉 19세기 말부터 20세기 중반까지의 인더스트리얼 아메리카나Industrial Americana다. 100년이 넘은 테이블부터 재봉기, 스탠드, 소파, 심지어 화장실 개수대까지 데이비드 본인이 마음에 드는 물건만을 들여와 판매한다. 또한, 방콕의 다른 빈티지 숍들과 테마 전시 성격을 띠는 팝업 스토어는 물론 음식과 음악이 함께하는 행사도 꾸준히 주최하고 있다. 매년 12월에는 오픈 기념행사로 공간의 앞마당에서 야드 세일 페어Yard Sale Fair를 여는데 매번 많은 사람이 방문한다. 얼마 전까지 이곳에서 운영한 미국식 요리를 선보이던 레스토랑 '워크숍 쉑Workshop Shack'의 문을 닫고, 새로운 프로젝트를 구상하고 있다. 시간이 만들어낸 값진 보물을 발견하고 싶다면, 여기만큼 제격인 곳은 없다.

SHOP INFO 281/7 Ekkamai 15 Alley, Khwaeng Khlong Tan Nuea, Khet Watthana, Bangkok 10110
TEL +66 2 381 8596
OPEN 10am – 7pm, 월 휴무
MORE DETAILS machineageworkshop.com
@machineageworkshopofficial

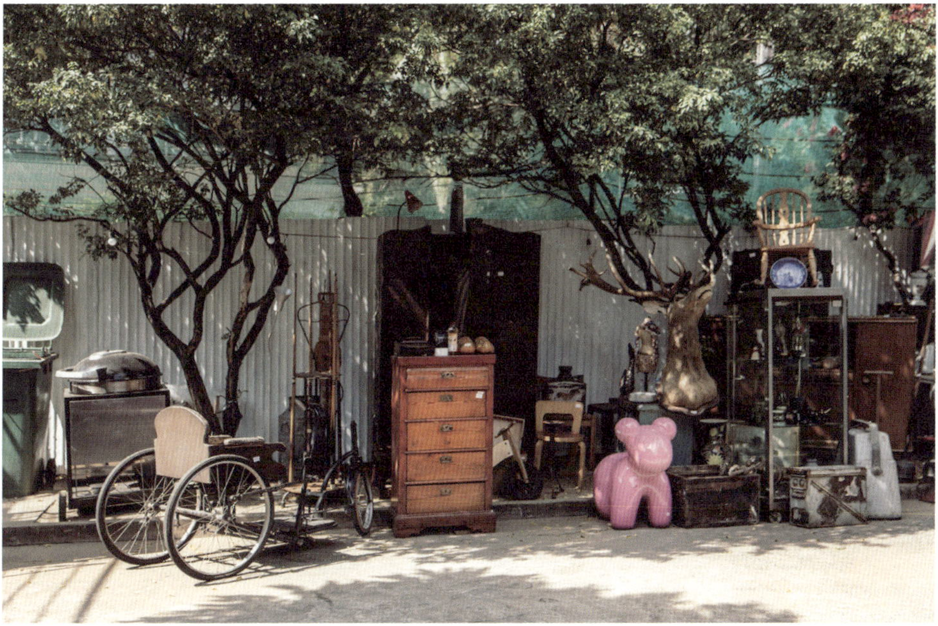

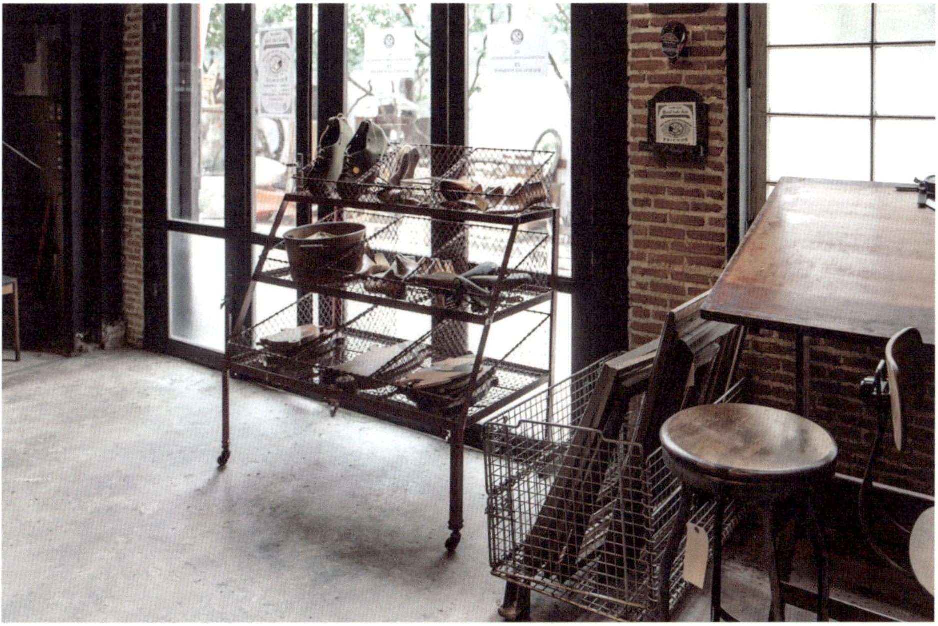

KATHMANDU PHOTO GALLERY

카트만두 포토 갤러리

카트만두 포토 갤러리Kathmandu Photo Gallery는 2006년 문을 연 이래 많은 이들의 눈과 마음을 여는 데 힘써왔다. "변화에 기민하게 반응하고 열린 마음을 가지는 것이 가장 중요한 철칙입니다." 설립자 마닛 스리완치품Manit Sriwanichpoom은 세계적으로 알려진 태국 사진가다. 그는 사람들이 영혼을 찾아 여행을 떠나곤 하는 네팔의 수도 카트만두에 존경심을 담아 공간의 이름으로 삼았다. 특히 지혜와 깨우침을 의미하는 카트만두의 상징 '제 3의 눈'은 사람들의 세 번째 눈을 뜨게 하겠다는 갤러리의 목적과도 잘 어울린다. 이곳은 사진이 대중의 관심과 힘을 이끌 수 있다고 믿고, 사진에 관한 지식과 창조적인 아이디어를 대중에게 전하고자 한다. '태국 거장들의 사진'과 '젊은 세대의 새로운 비전' 프로젝트 전시는 이런 설립자의 가치관이 반영된 이곳의 대표적인 행사다.

SHOP INFO 87 Pan Rd, Khwaeng Silom, Bang Rak, Bangkok 10500
TEL +66 2 234 6700
OPEN 11am – 6pm, 일-월 휴무
MORE DETAILS www.kathmanduphotobkk.com

WIDE AND NARROW

와이드 앤 내로우

와이드 앤 내로우Wide And Narrow는 두 디자이너가 운영하는 디자인 스튜디오다. 서체와 디지털 미디어, 패키지와 인쇄 디자인 작업을 하는 칸위Kanwee H.와 품루사이Poomruethai S.는 수년간 함께하고 있다. 표면적인 화려함보다 본질을 향해 다가가는 진솔한 디자인을 중시하는 두 사람은 함께 일하는 과정에서 자부심을 느낀다고 말한다. '와이드 앤 내로우'라는 이름의 의미도 자신들이 프로젝트를 진행하는 과정을 담았다. 작업물을 위한 아이디어와 영감을 '넓게' 확장하는 동시에, 디테일은 세심하고 '좁게' 주의를 기울인다. 다양한 분야의 유능한 디자이너들과의 협업을 지속하며 세계적으로 뛰어난 디자인 스튜디오가 되겠다고 말하는 그들의 눈빛이 사뭇 진지하다. 공간은 평소에 작업실로 이용하며, 이벤트를 진행할 때만 비정기적으로 개방하니 방문에 참고할 것.

SHOP INFO 25/5 Room F, Phyathai, Ratchatawee, Bangkok 10400
TEL +66 86 592 4696
OPEN 11am – 6pm, 토-일 휴무
MORE DETAILS www.wideandnarrow.co.th
@wideandnarrow

PASSPORT BOOKSHOP

패스포트 북샵

패스포트 북샵Passport Bookshop은 세상에 지식을 얻기 위한 세 가지 방법이 있다고 믿는다. '책 읽기, 위대한 사람들과의 대화, 새로운 곳으로의 여행'이 그것이다. 이 중에서도 책과 여행을 사랑한 두 남녀는 여행에 관한 책으로 가득 찬 공간을 만들고 싶었다. 그들이 생각하는 '여행 책'이란 가이드북이나 여행기뿐만이 아니라, 여행에 영감을 주는 짧막한 이야기나 위대한 소설을 포함한다. 또한, 여행자들이 여행지에 대해 좀 더 깊이 알 수 있도록 돕는 사회, 경제, 건축, 음식, 예술과 음악 등 다양한 분야의 책까지 갖췄다. 손님에게 '머물고 싶은 책방'이 되기 위해, 2층에 조용한 카페도 마련했다. 그곳에서 읽거나 쓰면서 평화로운 시간을 보내거나 젊은 작가들은 자신의 작품을 판매할 수도 있다. 책을 진열하고 공간을 단정하게 유지하는 등 책방을 일구는 데 필요한 모든 일을, 이 커플은 자그마치 15년째 이어오고 있다.

SHOP INFO 523 Prasumeru Rd, Bowornnivej, Pranakorn, Bangkok 10200
TEL +66 2 629 0694
OPEN 10:30am – 7pm 화-목,일, 10:30am – 8pm 금-토, 월 휴무
MORE DETAILS facebook.com/yo.noompassportbookshop

DASA BOOK CAFÉ

다사 북 카페

수쿰윗 로드 대로변의 헌책방 다사 북 카페Dasa Book Cafe는 언뜻 좁아 보이지만 길게 뻗어 있는 형태로 3층까지 이어진다. 문을 열고 들어서면 2만 권에 육박하는 책을 주제별, 언어별로 분류해 빼곡히 진열되어 있다. 다사dasa는 불교 용어로 노예를 뜻하며 태국의 승려 붓다다사Buddhadasa 선사의 이름에서 따왔다. 책이 없으면 살 수 없는 사람들, 즉 책의 노예들을 위한 공간이 되길 바라는 주인의 마음을 담았다고 한다. 책을 조용히 즐기고 싶은 사람들을 위해 곳곳에 작은 테이블과 의자도 마련했다. 커피를 포함한 음료도 판매한다. "사실 오래된 책은 어디서든 구할 수 있어요. 하지만, 이곳만큼은 손님들이 책을 구매하지 않더라도 다시 찾는 공간이 되길 바랍니다. 그저 커피를 마시며 전에 읽었던 책을 다시 꺼내 읽는 손님들이 많아지는 것만으로 충분합니다."

SHOP INFO 714/4 Sukhumvit Rd, Khlong Tan, Khlong Toei, Bangkok 10110
TEL +66 2 661 2993
OPEN 10am – 8pm
MORE DETAILS dasabookcafe.com

FATHOM BOOKSPACE

패덤 북스페이스

패덤Fathom은 '헤아리다'라는 뜻의 동사이자, 바다의 깊이를 측정하는 단위다. 출판 일을 하던 판 Pahn과 퍼포밍 아티스트 쿠까이Kookkai는 책과 예술, 교육에 대한 관심을 바탕으로, 책을 파는 서점 이자 사람들이 자신의 이야기를 나누기 위해 찾는 공간을 만들었다. 배움에 대한 열정이 큰 두 사 람은, 이곳이 서로 생각을 나누고 배울 수 있는 곳이 되기를 바란다. 두 달에 한 번 테마를 정해 책 을 소개하고, 따로 마련된 워크숍 공간에 다양한 이들을 초청해 북 클럽, 요가, 미술 등의 이벤트를 열기도 한다.

SHOP INFO 572/3 Soi Sathon 3, Thung Maha Mek, Bangkok
10120
TEL +66 96 935 3642
OPEN 10am – 9pm
MORE DETAILS facebook.com/fathombookspace
@fathombookspace

PARDEN CAFÉ AND ZAKKA

파든 카페 앤 자카

2008년, 수쿰윗 소이 39 일본인 거리에 문을 연 파든 카페 앤 자카는 태국인 남편과 일본인 아내 가 함께 운영한다. 가게 이름에서 잡화를 뜻하는 자카zakka를 보면 알 수 있듯 파든 카페 앤 자카 Parden Cafe and Zakka는 일본식 디저트 카페 겸 잡화점이다. 일본 문화가 꽤 많이 스며든 방콕이 지만, 특색 있는 일본식 잡화점은 몇 없어 상대적으로 일본인 손님들이 많이 찾는다. 마치 일본 잡화 점에 와있는 듯한 아기자기한 소품들과 태국의 다양한 색감의 과일을 이용한 파르페가 이곳의 특 색이자 자랑거리다.

SHOP INFO The Manor 2nd, Soi Sukhumvit39, Sukhumvit
Road, Klongton-Nua, Wattana, Bangkok 10110
TEL +66 2 204 2205
OPEN 11am – 5pm 수-금, 12am – 6pm 토, 12pm – 5pm 일, 월·화
휴무
MORE DETAILS ameblo.jp @pardenbkk

BACC

방콕 아트 앤 컬처 센터

방콕 아트 앤 컬처 센터 BACC는 사진, 그림, 조각, 음악, 영화 등 방콕의 다양한 현대예술을 보여주는 종합문화예술센터로, 아티스트를 위한 만남의 공간을 제공하거나 지역사회를 위한 문화 프로그램을 진행하는 것을 목표로 설립되었다. 얼핏 보면 구겐하임 미술관이 떠오르는 나선형 구조의 BACC는 총 9층짜리 건물로 1층부터 5층까지는 각종 숍과 나선형으로 둘러싼 벽면에 작은 전시를 진행하며 6층은 오피스공간, 나머지 7층부터는 메인 전시를 관람할 수 있다. 무료로 입장할 수 있고, 5층에 여행자를 배려해 짐을 맡기는 시설도 있으니 가기 전 참고하길 바란다.

SHOP INFO Wang Mai, Pathum Wan District, Bangkok 10330
TEL +66 2 214 6630
OPEN 10am – 8pm, 월 휴무
MORE DETAILS bacc.or.th @baccbangkok

YARNNAKARN ART & CRAFT STUDIO

야나칸 아트 앤 크래프트 스튜디오

스튜디오 야나칸Yarnnakarn의 다섯 장인은 실험적인 기술과 소재를 이용해 특별한 도자 제품을 만들어낸다. 도자기를 구울 때는 미세한 조건이라도 큰 영향을 미치기 때문에 똑같은 조건에서도 다른 결과물이 탄생한다. 야나칸은 이런 점을 도자의 매력으로 꼽는다. 매번 머릿속에 그린 제품을 정확히 구현해낼 수 없지만, 그래서 아름다운 제품이 탄생하기도 하는 것이다. 긴 시간이 머무는 듯한 이곳에서 그렇게 정성껏 빚어진 꽃병, 화분, 조각품과 항아리 등을 만나볼 수 있다.

SHOP INFO 2/4 Soi 4 Nanglinchi Rd. Thungmahamek
Sathorn, Bangkok 10120
TEL +66 89 488 0566
OPEN 11am – 7pm 화-일, 월 휴무
MORE DETAILS yarnnakarn.com @yarnnakarn

THINGS TO MAKE AND DO

띵스 투 메이크 앤 두

심플 데이와 문 하나를 두고 연결된 띵스 투 메이크 앤 두Things To Make And Do는 작은 장식품을 판매하는 가게다. 매장에는 주로 모노톤이나 나무 소재의 제품이 차분하게 진열되어 있다. 설립자의 가족은 어릴 적부터 항상 모든 것을 함께 해내곤 했다. 어머니는 아이들의 생일에 옷을 지어주었고, 아버지는 의자, 테이블 등 생활에 필요한 것들을 만들었다. 시간이 흘러 그들은 자연스레 작은 작업실을 만들기로 했는데, 이것이 가게의 시작이다. 물건을 만들고, 매장을 돌보는 등 모든 일은 가족이 나눠서 한다. 각자 모두 다른 일을 겸하고 있지만, 애정을 담아 이곳을 위한 시간을 낸다. "저와 가족들이 직접 가게를 운영하며 특별한 제품을 손님들에게 소개할 수 있어서 정말 행복해요. 이 공간은 제가 좋아하는 것들에 둘러싸일 수 있는, 그야말로 저다운 곳이에요."

SHOP INFO 94 Ratchaphruek Rd., Bangkok 10170
TEL +66 80 779 6262
OPEN 10am – 8:30pm, 수 휴무
MORE DETAILS facebook.com/Things-to-make-and-do-114530651932176 @things_to_make_and_do

불과 몇 년 전만 해도 태국의 사람들에게 자국의 브랜드의 제품을 사는 일은 낯선 일이었다고 한다. 그저 수입된 외국 브랜드의 제품을 구매하는 것이 부지기수였던 방콕의 패션 & 뷰티 신이 하루가 다르게 변화하고 있다.

(un)FASHION CAFE

언패션 카페

2013년 9월, 태국인과 일본인 커플이 문을 연 빈티지 숍이자 카페 언패션 카페(un)Fashion Cafe. 이곳의 외관은 할리우드 영화에서나 볼 법한 트레일러 하우스를 떠오르게 한다. 가까이 다가가면 유리 창 너머 빈티지 슈즈와 커피 머신, 케이크 스탠드가 나란히 진열되어 있다. 빈티지 가죽 제품들을 선보이는 곳답게 가죽색과 어울리는 나무 소재 오브제들로 내부를 꾸몄다. 1970년대 이전 미국과 유럽의 빈티지 제품을 들여와 판매한다. 카페 또한 달콤한 디저트 메뉴로 유명해 언제나 사람들로 가득 찬다. 매주 수요일 새로운 빈티지 상품이 들어오니 방문을 앞두고 있다면 참고하길 바란다.

SHOP INFO SHOP INFO 1, 94/1 Soi Sukhumvit 63, Phra Khanong Nuea, Khet Watthana, Bangkok 10110
TEL +66 2 726 9592
OPEN 12pm – 9pm
MORE DETAILS facebook.com/unFASHIONVINTAGE
@unfashioncafe

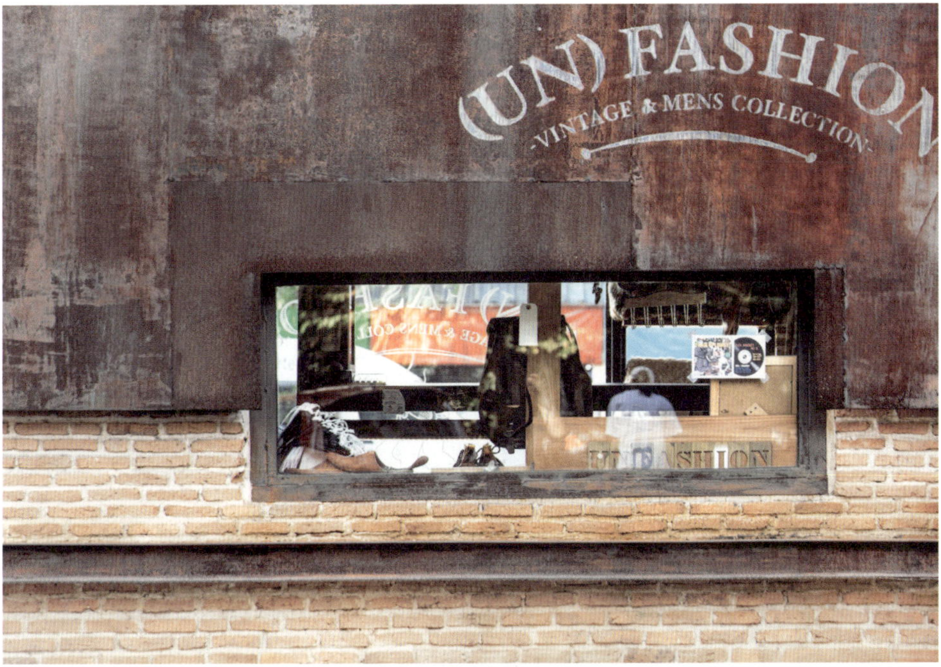
(UN) FASHION
-VINTAGE & MENS COLLECTION-

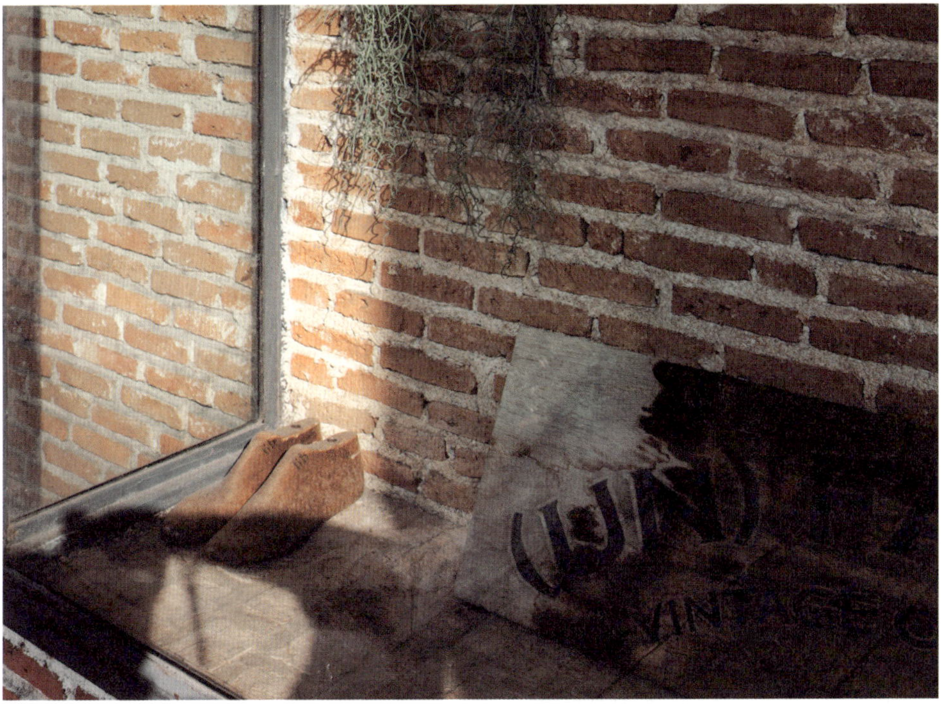
(UN)

LABRADOR

래브라도

래브라도Labrador라는 이름은 대개 순하고 똑똑한 개 '래브라도 리트리버'를 연상케 하지만, 이 브랜드의 의미는 좀 다르다. 공간의 설립자는 친근하고 자연적인 공간의 성격을 드러내기 위해 '농부'를 뜻하는 스페인어를 이름으로 내걸었다. 목재와 은은한 조명의 조화가 따뜻함을 안겨주는 공간에서는 '소재에 대한 진정성'이라는 콘셉트 아래 수작업으로 만든 제품을 판매한다. 무엇보다 래브라도는 환경 문제에 깊은 관심을 가지고, 자원의 낭비를 줄일 방안을 고민했다. 이들이 생각한 답은 질 좋은 소재로 견고한 물건을 만드는 것이다. 노트와 파우치, 카드 홀더, 가방 등 친환경 소재로 만들어진 제품은 과감하지만 간결한 디자인으로 그만의 독특한 형태를 띤다. 방콕을 떠나기 전, 래브라도에 들러 마음에 드는 물건을 사는 것은 오래도록 여행을 기억할만한 방법의 하나가 될 것이다.

SHOP INFO L3, 3203, Terminal 21, 2.88 Sukhumvit Rd Soi
19, North Klong Toei, Wattana, Bangkok 10110
TEL +66 2 108 0888
OPEN 10am – 10pm
MORE DETAILS www.labradorfactory.net
@labradorfactory
이외 지점 인덱스 참고

ONION

어니언

방콕의 힙스터들이 모이는 에까마이의 소이 12 골목에는 인디고 색 벽돌로 감싼 어니언Onion이 있다. 시암에서 빈티지 아이웨어 편집숍으로 시작한 어니언은 에까마이로 옮기며 패션과 커피가 결합한 공간으로 확장했다. 한쪽은 기존에 판매하던 빈티지 아이웨어와 더불어 다양한 브랜드의 패션 및 리빙 아이템을 판매하는 편집숍 어니언을, 다른 한쪽은 방콕 기반의 로스팅 컴퍼니 브레이브 로스터Brave Roasters와 파트너를 맺어 진한 커피와 특색 있는 음료, 가벼운 브런치를 선보이는 카페 원 온스 포 어니언One Ounce for Onion으로 구분 지어 운영하고 있다.

SHOP INFO 19/12 Ekamai 12 Rd, Klongton-Nua Wattana,
Bangkok 10110
TEL +66 2 550 7336
OPEN 9am – 8pm 월-토, 9am – 7pm 일
MORE DETAILS onionbkk.com @onionbkk

SEEKER X RETRIEVER

식커 바이 리트리버

식커 바이 리트리버Seeker x Retriever는 세월에 구애받지 않으면서 누구나 입을 수 있는 옷을 만든다. 빈티지 제품을 모으는 걸 좋아하는 팀원들이 빈티지 팝업 스토어를 연 것이 이곳의 시작이다. "크리에이티브 디렉터의 어머니께서 태국 북쪽에 사셨어요. 그곳의 수많은 천을 발견했을 때, 정말 아름답다고 생각했죠. 저희는 그 원단으로 옷을 만들었어요." 장인들이 손으로 직접 짜고 염색한 패브릭은 어디에나 어울리는 편안함을 담고 있다. 현재 팝업 스토어는 문을 닫았지만, 웹사이트에서 선주문 방식으로 컬렉션을 판매한다. 사람들에게 단순한 의류가 아닌, 라이프스타일과 태도를 보여주는 브랜드로 기억되고 싶다는 이들의 바람은 머지않아 이루어질 것 같다.

SHOP INFO
TEL +66 93 924 6247
MORE DETAILS www.seekerxretriever.com
@seekerxretriever

TAILOR ON TEN

테일러 온 텐

6년 전, 태국의 테일러 산업은 1970년대에 머물러 있었다. 혁신하려는 움직임조차 보이지 않았고, 그 현실에 안주하고 있는 산업의 장래는 밝을 리가 없었다. 많은 현지인과 여행자가 방콕의 질 낮은 슈트에 실망했지만, 캐나다 출신의 벤과 알렉스 형제는 비스포크 테일러 숍의 가능성을 봤다. 그리고 2010년, 테일러 온 텐Tailor on Ten이 문을 열었다. 처음에는 수쿰윗 소이 10에 자리하고 있었기에 테일러 뒤에 텐ten을 붙여 이름 지었는데, 머지않아 수쿰윗 소이 8에 있는 지어진 지 60년이 넘은 주택으로 공간을 옮겼다. "다른 가게들과 비슷해 보이기 싫었어요. 특별한 장소가 없을까 고민하던 차 망고나무와 대나무들로 정원을 이룬 이곳을 찾아냈죠. 바닥이나 계단과 같은 내부 구조도 바꾸지 않고 그대로 두었어요. 클라이언트들이 공간을 집처럼 편안히 여겼으면 해서요." 벤은 숍 운영과 직원 및 고객 관리를, 알렉스는 온라인 스토어와 생산 라인을 맡고 있다. 소속된 테일러들은 모두 영어를 구사할 줄 안다. 그래서 다른 테일러 숍에 비해 클라이언트들과 커뮤니케이션이 활발하다. 덕분에 이곳을 찾는 이들은 배낭여행객부터 글로벌 기업의 CEO까지 다양하다. 슈트를 맞추기 위해 비행기를 타고 해외에서 오는 단골 손님도 있다. 테일러 온 텐의 또 다른 장점 중 하나는 합리적인 가격이다. 대개 사람들은 가격에 부담을 느껴 맞춤 슈트를 꺼리지만, 이곳에서는 유럽에서 기성 슈트를 구매할 수 있는 가격(14,500바트부터, 한화 약 50만 원)으로 슈트를 장만할 수 있다. 직접 방문하기가 힘든 사람들을 위해 온라인 커스텀 주문 서비스와 테일러 온 텐의 테일러가 해외 도시를 직접 방문해 슈트를 제작해주는 트렁크 쇼 서비스도 제공한다. "대부분 여행자는 방콕의 테일러들이 빠른 시간에 슈트를 완성한다는 것에 집중해요. 하지만, 우리는 사람들이 빨리 만들어지는 슈트보다 빠르지 않더라도 좋은 품질의 슈트를 입었으면 좋겠어요. 모든 클라이언트가 테일러 온 텐의 슈트를 입고 행복하길 바랍니다. 그것이 다른 태국의 테일러 숍과 차별되는 우리의 마음가짐이자 목표입니다."

SHOP INFO #93 Sukhumvit Road Soi 8, (near Nana station), Khlong Toei, Bangkok 10110
TEL +66 84 877 1543
OPEN 9:30am – 7pm, 일 휴무
MORE DETAILS tailoronten.com @tailoronten

PANPURI ORGANIC SPA

판퓨리 오가닉 스파

판퓨리Panpuri는 동양의 철학을 담은 스킨 케어 브랜드로, 몸과 마음의 회복을 위한 전통적인 자연 치유법을 바탕으로 삼는다. 식물이 가진 효능을 그대로 담은, 질 좋은 제품을 만들기 위해 천연식물의 줄기, 뿌리, 꽃에서 추출한 100% 에센셜 오일을 사용한다. 모든 향은 재스민, 일랑일랑, 코코넛 등 동양의 식물을 세심하게 조합한 것들이다. 목욕가운, 타월, 시트 등 몸에 닿는 모든 것은 유기농 원료로 만들었다. 방콕과 페낭에서만 만나볼 수 있는 오가닉 스파에서는 우아하고 이국적인 스파 서비스를 받을 수 있다. 동양 전통의 마사지 서비스는 고객 개개인에게 최고의 경험을 제공한다.

SHOP INFO 12th Floor, Gaysorn Urban Retreat, Gaysorn Village, Phloen Chit Rd, Lumpini, Pathumwan, Bangkok 10330
TEL +66 2 253 8899
OPEN 10am – 11pm
MORE DETAILS www.panpuriorganicspa.com

BLACK AMBER

블랙 앰버

3년 전 문을 연 블랙 앰버Black Amber는 커트를 비롯해 쉐이빙 등 남성을 위한 서비스를 제공하는 바버숍이다. 높은 압력과 열, 긴 시간에 의해 송진이 영롱한 보석 '검은 호박'이 되듯, 올바른 요소를 세심하게 조합해 고객들이 언제든 좋은 경험을 하도록 돕는 것이 이곳의 철학이다. 이들의 지향점은 고객 개개인에게 집에 온 듯 편안하고, 굳이 예약하지 않더라도 언제든 들러 수다를 떨다 갈 수 있는 공간이 되는 것이다. 2년째 운영하는 블랙 앰버 소셜 클럽Black Amber Social Club은 고객과 더욱 긴밀한 네트워크를 위해 마련한 장소다. "손님과 직원, 손님과 손님이 서로를 알아가는 걸 무척 반겨요. 저희는 라이프스타일을 만드는 브랜드고, 손님들이 서로 '모던 클래식 젠틀맨' 스타일에 대해 더 알아갈 기회를 제공하고 싶어요."

SHOP INFO Khlong Tan Nuea, Watthana, Bangkok 10110
TEL +66 81 869 9393
OPEN 12pm – 9pm
MORE DETAILS facebook.com/blackamberbarber

KARMAKAMET

카르마카멧

불교에서 '업(불교 용어로, 몸과 입과 마음으로 짓는 선악의 모든 행동을 뜻함)'을 뜻하는 카르마 Karma와 인도와 중국의 경계에 있는 히말라야 북부의 산 카메트Kamet를 합쳐 이름 지은 카르마카 멧Karmakamet은 2001년 짜뚜짝 시장에서 에센셜 오일을 판매하는 것으로 시작했다. 인공화학 물질을 사용하지 않은 향초, 꽃을 직접 가져와 말린 포푸리 등 카르마카멧만의 독자적인 제품력은 태국을 대표하는 아로마 브랜드로 자리 잡았다. 그들은 이제 뷰티 분야를 넘어, 라이프스타일 영역으로 브랜드를 확장하기 위한 다양한 시도를 하고 있다. 기존 아로마틱 제품을 판매하는 시크릿 월드 Secret World와 보다 캐주얼한 분위기의 라이프스타일 프로덕트를 판매하는 에브리데이 카르마카멧 Everyday Karmakamet 등 브랜드 라인을 늘려가는 카르마카멧은 조금 더 일상적인 브랜드로 변신을 꾀하며 라이프스타일 전반에서 영역을 넓혀가는 중이다.

SHOP INFO KARMAKAMET SECRET WORLD
Karmakamet World
30/1 Soi Metheenivet, Klongton, Klongtoey, Bangkok
TEL +66 2 262 0700-1
OPEN Aromatic Shop 10:00am – 10:00pm Restaurant
10:00am – 11:30pm
MORE DETAILS www.karmakamet.co.th @karmakamet
@everydaykmkm
이외 지점 인덱스 참고

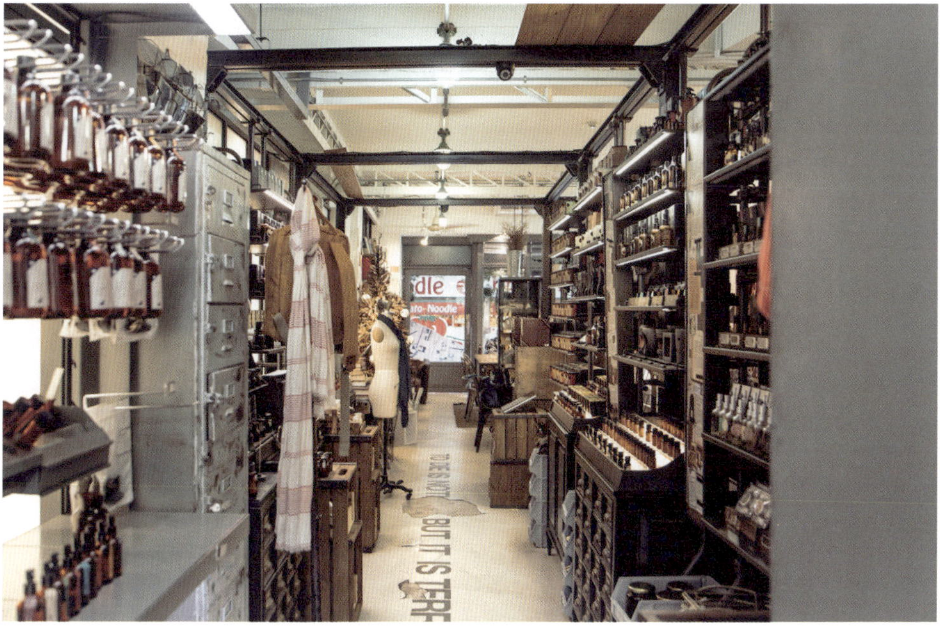
BUT IT IS

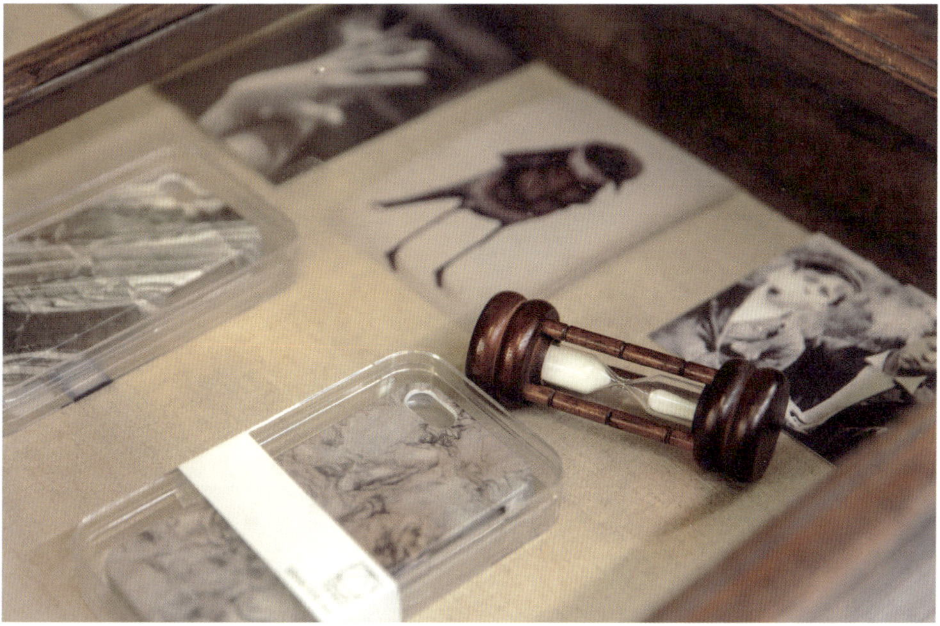

관광지로서 방콕의 큰 장점은 다른 도시에 비해 합리적인 비용으로 다양한 라이프스타일을 엿볼 수 있는 숙박시설을 이용할 수 있다는 점이다. 간결한 인테리어의 호스텔부터 테마가 분명한 부티크 호텔 등 선택의 범위가 점점 다양해지고 있다.

HEYYYY BANGKOK

헤이 방콕

헤이 방콕Heyyyy Bangkok은 2016년 10월 문을 연, 작지만 산뜻한 호스텔이다. 여행을 사랑하는 설립자들이 합심해 여행지에서 묵고 싶었던 이상적인 공간을 직접 구현했다. "도시 이곳저곳을 헤집는 긴 하루를 보내고 숙소에 돌아오면 거실에 편히 앉아 쉬고 싶었어요. 그 기억을 담아 누구나 이 공간이 집처럼 여길 수 있도록 꾸몄어요. 방은 물론 호스텔 곳곳에서 아늑함을 느낄 수 있죠." 로비에 있는 카페 겸 바는 이곳의 매력을 한층 더 북돋아 주는 장소다. 헤이 방콕의 바람은 이곳이 하나의 작은 커뮤니티가 되어 여행자를 비롯한 그들의 삶이 되는 것이다.

SHOP INFO 2485-2487 Phatthanakan Rd. Soi Phatthanakan 47-49 Suanluang, Bangkok, 10250
TEL +66 2 321 4978
MORE DETAILS www.heyyyybangkok.com
@heyyyybangkok

J. NO 14 LODGE

제이 넘버 포틴 롯지

실롬에서 다리로 차오프라야 강을 건너야 나오는 조용한 동네인 차로엔 나콘 소이 14의 주택가 골목에 제이 넘버 포틴 롯지J. No 14 Lodge가 숨어있다. 옛 창고를 변형시켜 만든 이 호텔의 내부는 인테리어 디자인을 전공한 주인의 아들이 꾸몄다. 앤티크한 가구들과 식물이 있는 로비만 보면 숲속 언덕에 홀로 있는 오래된 저택 같다. 철제 침대, 낡은 탁자와 옷장, 무심하게 놓인 스탠드로 간결하게 배치한 9개의 객실에는 모두 큰 창이 있어 해가 뜨면 환한 채광이 방을 가득 채운다. 호텔에서 키우는 고양이와 새소리가 매일 아침 시끄러운 알람 소리 대신 은은하게 귓가를 두드린다. 바삐 움직이는 도심에서 떨어진 이곳에서 맞는 평화로운 아침은 방콕의 또 다른 잔상으로 기억될 것이다.

SHOP INFO 16 Soi Charoen Nakhan 14, Khlong Ton Sai,
Klong San, Bangkok 10600
TEL +66 85 122 5249
MORE DETAILS facebook.com/jno14.lodgment @j.no14

A' HOSTEL BANGKOK

에이 호스텔 방콕

1999년에 시작된 방콕 기반의 건축 집단 아키플러스 스튜디오Archiplus Studio가 운영하는 A 호스텔 A' Hostel Bangkok은 지난 12월 오픈 1주년을 맞이한 신생 호스텔이다. 번화가와 왕궁으로 가는 길에 발생하는 교통 체증이 상대적으로 덜한 사판 콰이 지역의 버려진 빌딩을 매입해 개조한 에이 호스텔은 아키플러스의 'A'를 따 이름 지었다. 심플한 디자인의 인더스트리얼 가구와 따뜻한 느낌의 목제 가구가 조화를 이룬 인테리어를 선택해 세련되면서 편안한 환경의 호스텔은 총 6층 구조로 1층은 카페와 레스토랑, 2층의 사무실과 휴게 공간, 3층부터 5층까지는 사무실과 호스텔, 그리고 6층 루프 덱 바로 구성되어 있다. 최근 1주년을 맞아 객실을 더 늘리는 공사를 마쳤다고 하니 한층 더 세련된 공간을 기대해볼 만하다.

SHOP INFO 14 Pradiphat 20 Alley, Khwaeng Samsen Nai,
Khet Phaya Thai, Bangkok 10400
TEL +66 2 116 4114
MORE DETAILS facebook.com/ahostelbkk
@a_hostel_bangkok

GOOD ONE HOSTEL & CAFÉ BAR

굿 원 호스텔 앤 카페 바

"Have a good one" 시카고 사람들이 헤어질 때 종종 쓰는 말이다. 굿 원Good One의 설립자들은 이 친근하고 간단한 인사말이 마음에 들어 호스텔의 이름으로 쓰기로 했다. 호스텔을 운영하기에 앞서 그들은 투숙객과의 원활한 소통을 위해 먼저 미국으로 가 영어를 공부했다. 모든 과정을 마친 뒤에는 일본 여행을 하며 수많은 호스텔에 묵으며 여행했다. 태국으로 돌아온 그들은 지난 여행의 좋은 시간을 떠올리며 편히 지낼 수 있는 아늑한 호스텔을 만들고 싶다고 생각했다. "저희 호스텔이 딱히 특별하지는 않아요. 그저 여행자들이 서로 편안히 이야기를 나누고 머물 수 있는 공간을 만들고 싶었을 뿐이죠." 그들의 바람대로 굿 원을 방문하는 모든 이들은 서로는 물론 직원들과도 가깝게 지내며 추억을 쌓아간다.

SHOP INFO 439/10 Narathiwat Rd. Silom, Bangrak, Bangkok 10500
TEL +66 2 235 3289
MORE DETAILS www.goodonehostel.com
@goodone.hostel.cafe.bar

BOXPACKERS HOSTEL

박스팩커스 호스텔

은행에서 일을 하던 박스팩커스 호스텔Boxpackers Hostel의 설립자는 좋아하는 일을 찾아 호스텔을 열었다. 공간에 특별함을 담고 싶었던 그는 여행자에게 꼭 맞는 아늑한 박스 형태의 침실을 옹기종기 배치했다. 개인 조명과 보관함을 갖추고 있어 좋은 기억을 가득 담아온 하루를 좀 더 편안한 분위기에서 마무리하기에도 좋다. 정갈한 침실만큼이나 깔끔한 카페에서는 아침 식사와 커피, 케이크를 먹고 마실 수 있다. 토스트나 시리얼 같은 간단한 아침 식사를 제공하는 다른 호스텔과 달리, 이곳에서는 스크램블드에그와 소시지, 베이컨 등 따뜻하고 다양한 메뉴를 낸다. "투숙객들이 이곳에서 여행을 시작하고, 새로운 사람들을 만나는 것을 보면 즐거워요. 좋아하는 일을 하다 보면 자연스레 삶의 동기가 마련되는 것 같아요."

SHOP INFO 39/3 Petchburi 15, Petchburi Rd. Ratchathevee, Bangkok 10400
TEL +66 2 656 2828
MORE DETAILS www.boxpackershostel.com
@boxpackershostel

ONEDAY PAUSE AND FORWARD

원데이 포즈 앤 포워드

원데이 포즈 앤 포워드Oneday Pause and Forward는 방콕의 중심부인 클롱 토이 지역에 있다. 웬만한 번화가들이 그리 멀지 않은 것이 이곳의 장점이기에 호스텔에는 항상 여행자들로 시끌시끌하다. 포즈 호스텔Pause Hostel, 포워드 코워킹 스페이스Forward Coworking Space, 펍 탭룸Taproom, 카페 & 레스토랑 카사 라팡 x26Casa Lapin x26, 꽃가게 원데이 월플라워Oneday Wallflowers가 한 건물에 모여 있어 다른 곳으로 가지 않고 이곳에서만 하루를 보낼 수 있을 만큼 편의시설이 잘 형성되어 있다. 호스텔은 합리적인 가격의 도미토리 룸부터 고급스러운 프라이빗 룸까지 총 128명이 묵을 수 있는 31개 객실로 나뉜다. 그저 그런, 똑같은 날이 아닌 훗날 기억할 수 있는 특별한 여행의 기억으로 남기고 싶다면 고민 없이 이곳을 선택해도 좋다.

SHOP INFO 51 Sukhumvit Soi 26, Khlong Tan, Khlong Toei,
Bangkok 10110
TEL +66 2 108 8855
MORE DETAILS onedaybkk.com @onedaypauseandforward

조용한 주택가의 활기찬 변화

[아리]

ARI

국내 관광객 사이에서 '방콕의 청담동'이라 불릴 정도로 고급스러운 건물과 주택, 감각 있는 숍과 카페, 레스토랑으로 명성을 얻은 아리Ari는 본래 방콕의 부유한 계층이 모여 사는 조용한 주택가였다. 언젠가 하나둘 카페와 개성 있는 음식을 판매하는 레스토랑이 생겨나면서 아리는 주택가의 현지인과 이곳을 찾는 이방인이 함께 지내는 지역으로 거듭나게 된 것이다. 덕분에 아리는 본래 조용하고 차분한 환경과 현지인이 살아가는 로컬의 분위기를 유지하면서도 새로 생긴 공간들이 풍기는 활기찬 분위기를 함께 느낄 수 있는 곳이 되었다. BTS 아리역 근처 아리 1길Soi Ari 1부터 아리 3길Soi Ari 3까지 이어지는 이른바 아리의 '카페 거리'에서는 로컬들이 즐겨 찾는 노점 음식점은 물론이고, 특히나 외국인 관광객이 선호하는 푸드 트럭, 트렌드를 놓치지 않는 이들이 주로 찾는 카페나 바까지 발길이 닿는 곳마다 뚜렷한 정체성을 드러내는 다양한 공간을 모두 즐기기에 부족함이 없다. 그러나, 이런 아리의 변화를 우려하는 현지인의 목소리도 심심치 않게 들려온다. 태국의 한 웹진에서 진행한 인터뷰를 통해 아리에 거주하는 한 현지인은 "지금 아리는 엄청난 변화를 겪고 있다. 아파트와 같은 신식 건물이 더는 생겨나지 않았으면 한다. 변화가 계속된다면 아리 특유의 평화로운 분위기는 사라지고 말 것이다. 하지만 여전히 신식 건물과 잎이 무성한 광경, 고요함과 활기참이 혼재된 아리만의 매력을 사랑한다." 라며 의견을 드러내기도 했다. 방콕 내에서도 아리만큼 로컬과 관광지, 그리고 트렌드를 모두 겸비해 독특한 매력을 지닌 곳을 찾기란 쉬운 일이 아닐 것이다. 하지만, 아리가 현지인과 관광객 모두가 사랑하는 공간이 된 것은 눈을 즐겁게 하는 새로움보다 본래 아리의 정체성을 지키는 뿌리가 단단히 박혀있기 때문일 테다. 찬란하게 피어올랐다가 그저 그런 곳으로 전락하기까지 채 6개월이 걸리지 않는 서울에 살고 있는 우리에게 이곳 아리는 그 자체로 로컬로서, 그리고 관광지로서 그 모두에 진정한 방향성을 보여주고 있다.

위치 Ari, Phaya Thai

words CHEON ILHONG

TOKYOBIKE
도쿄바이크

2013년 문을 연 도쿄바이크는 도쿄에 기반을 둔 라이프스타일 바이크 숍으로, 도심에서 자전거를 타는 경험을 제안하고자 방콕을 찾았다. 현재 방콕에선 CS, Bisou, Sport 9S, Single Speed 총 4가지 모델을 선보이며 모든 모델을 시승할 수 있고, 커스터마이징 주문도 가능하다.

SHOP INFO 1/5 Soi. Ari 2, Phahonyothin Rd, Samsen Nai, Phaya Thai, Bangkok 10400 TEL +66 2 117 1016 OPEN 11am – 7pm MORE DETAILS www.tokyobike.co.th @tokyobike_th

SALT
솔트

단순하지만 빠져서는 안 되는 소금처럼 음식과 사람의 관계 역시 본질이라 믿는 솔트는 나무를 주소재로 사용해 빈티지한 분위기를 자아내며, 야외부터 와인 지하실까지 넓은 공간을 갖추고 있다. 스테이크와 어울리는 칵테일이나 와인, 사케까지 다양한 술을 함께 즐길 수 있다.

SHOP INFO 36/2 Phahonyothin Rd, Samsen Nai, Phaya Thai, Bangkok 10400 TEL +66 2 619 6886 OPEN 5pm – 12am MORE DETAILS facebook.com/SaltAree/

JOHA
조하

세계 음식점이 다양하게 들어서 있는 아리에 한식당이 연이어 생겨나고 있다. 그중 가장 최근에 문을 연 조하는 시드니에서 요리 공부를 마치고 돌아온 부산의 형제가 운영하는 곳으로, 떡볶이나 해물파전, 김치볶음밥 등 한국 음식을 태국인의 입맛에 맞게 조리하여 선보인다. 특히 뜨거운 돌판에 구워 불맛을 살린 소고기 바비큐가 이곳의 시그너처 메뉴라고.

SHOP INFO Samsen Nai, Phaya Thai, Bangkok 10400 TEL +66 83 177 5533 OPEN 11:30am – 9:30pm MORE DETAILS facebook.com/Johakoreanrestaurant

PORCUPINE CAFÉ
포큐파인 카페

하얀 벽돌을 쌓아 만든 외관과 나무 소재의 가구로 아기자기하게 꾸며진 내부의 이 공간은 주택을 개조해서 만든 카페다. 정성이 담긴 소박한 케이크와 과일 주스는 더위를 달래기에 부족함이 없다.

SHOP INFO 48 Ari 4 Fang Nua Alley, Samsen Nai, Phaya Thai, Bangkok 10400 TEL +66 2 126 7894 OPEN 10am – 10pm, 목 휴무 MORE DETAILS facebook.com/porcupineari @porcupinecafe

MAD BAR
매드 바

국내 관광객에게 숨은 보물 같은 이곳은 방콕의 활기찬 여름밤을 즐기기에 제격인 곳이다. 건물 중앙 잔디밭 위 낮은 벤치에 앉아 오붓한 저녁 식사를 즐길 수도, 정기적으로 열리는 공연 또한 손님의 테이블을 더 풍성하게 만들어 주기 때문. 매드 자메이칸 모히또MAD Jamaican Mojito, 애플리티니 Applitini 등 이곳에선 기존의 칵테일을 매드 바만의 것으로 재탄생 시킨 칵테일을 놓쳐선 안 된다.

SHOP INFO 2/1 Rama VI Soi 30, Khwaeng Samsen Nai, Phaya Thai, Bangkok 10400 TEL + 66 2 278 5325 OPEN 11am – 2:30pm, 5pm – 12:00am, 화 휴무 MORE DETAILS facebook. com/madbar.aree

방콕 로컬 컬처의 현재, 차이나타운 소이 나나

[차이나타운 소이 나나]

CHINATOWN SOI NANA

방콕 최초의 차이나타운은 원래 구시가지의 왕궁이 있던 곳이었다. 삼판타웡Samphanthawong 지역의 야오와랏 로드Yaowarat Road와 차로엔 크룽 로드Charoen Krung Road를 중심으로 화교들이 자리를 잡고, 점점 발전하여 휴알람퐁Hua Lamphong역 부근까지 넓혀갔다. 화려한 붉은 색감의 간판들이 즐비하게 걸린 차이나타운은 이제 방콕에서도 오랜 역사를 지닌 곳이자 방콕 내 가장 복잡하고 시끄러운 동네가 되었다. 그중 차이나타운의 끝자락 휴알람퐁 역 근처의 소이 나나Soi Nana 거리가 최근 방콕의 로컬 사이에서 새롭게 주목받고 있다. 중국과 태국의 건축양식이 섞인 오래된 상가 건물에 아트 갤러리와 바, 음식점들이 줄지어 문을 열며 차이나타운에서는 보지 못했던 쿨하고 세련된 분위기가 묻어나기 시작한다. 이 광경은 로컬 시장과 세련된 공간들이 혼재하는 서울의 망원동이 떠오르기도 한다. 무엇보다 소이 나나의 특징은 예술 커뮤니티가 끈끈하게 형성되어 있다는 점이다. 태국 현지인은 물론 미국과 프랑스, 스페인 등 다양한 국적 출신의 거주자와 숍 운영자들로 이루어진 예술 커뮤니티는 차이나타운의 한 부분에 지나지 않았던 이 거리를 옛것과 새것이 적절히 섞인 크리에이티브한 동네로 변화시켰다. 또, 그들은 '소이 나나 크래프트 + 점블 트레일Soi NaNa Craft + Jumble Trail' 이라는 이벤트를 정기적으로 여는데, 각각의 숍 앞에 매대를 설치해 빈티지 의류, 가구, 수공예 소품 등을 판매하며 옛것의 가치를 되새기는 데 의의를 둔다. 소이 나나 최초의 갤러리이자 소이 나나 크래프트 + 점블 트레일을 주최하는 갤러리 초 와이Cho Why, 컨템포러리 아트 스페이스 NACC, 방콕의 DJ 겸 아티스트가 운영하는 23 바 앤 갤러리23 Bar & Gallery, 아시아 문화가 가득한 공간에서 스페인 음식 타파스를 즐길 수 있는 엘 치링기토El Chiringuito 등 비슷하지만, 각자의 콘셉트가 분명한 가게들이 예술의 거리, 소이 나나에 있다.

위치 soi Nana, Pom Prap

words LEE NAMHO

PATANI STUDIO
파타니 스튜디오

아날로그 사진에 관한 모든 서비스를 제공하는 파타니 스튜디오Patani Studio는 포토그래퍼 타왓차이 파따나폰Tawatchai Pattanaporn이 운영하는 필름 사진관이자 개인 작업실이다. 모든 서비스를 손수 도맡아 하기 때문에 작업 시간이 느릴지라도, 거기에서 오는 그의 정성만큼은 더욱 빠르게 와닿을 것이다.

SHOP INFO 59 Soi Nana, Pom Prap Sattru Phai, Bangkok 10100 TEL +66 81 985 9691 OPEN 10am – 6pm, 월-화 휴무 MORE DETAILS facebook.com/patanistudio @patanistudio

PROJECT 189
프로젝트 189

프로젝트 189Project 189는 아티스트의 예술활동을 위한 다양한 지원을 아끼지 않는다. 무궁무진한 영감을 펼칠 수 있는 작업실과 갤러리부터 다양한 나라의 음식 문화를 고려한 레스토랑, 창고가 붙어 있는 생활 공간까지 프로젝트 189는 예술가에게 최상의 컨디션을 제공하기 위해 노력한다.

SHOP INFO 189 Soi Rammitri off Soi Nana, Rama 4 Rd, Pom Prap Sattru Phai, Bangkok 10100 TEL +66 89 890 0450 OPEN 웹사이트 참고 MORE DETAILS project189bkk.org

23 BAR & GALLERY
23 바 앤 갤러리

시원한 맥주를 마시며 흥겨운 음악과 전시를 감상하고 싶다면 23 바 앤 갤러리23 Bar & Gallery를 추천한다. 무심하게 숫자 '23'이 쓰인 간판이 걸린 공간에 들어서면 바깥의 한적한 소이 나나의 풍경과는 다른 분위기가 펼쳐진다. 특히 화장실을 포함한 모든 공간에 그려져 있는 주인의 그림을 눈여겨보길 바란다.

SHOP INFO 92 soi Nana, Pom Prap Sattru Phai, Bangkok 10100 TEL +66 80 264 4471 OPEN 7pm – 1am, 월 휴무 MORE DETAILS facebook.com/23-bar-gallery-777713515647423

EL CHIRINGGUITO
엘 치링기토

소이 나나의 아래쪽에 있는 엘 치링기토El Chiringuito는 스페인 로컬 음식점이다. 이곳의 주인인 푸페Pupe는 스페인에서 6년 동안 살다 스페인 음식에 매료돼 태국으로 돌아와 엘 치링기토를 열었다. 타파스, 토르티야, 보카딜로, 크로켓 등의 스페인 음식을 선보이며 동시에 에어비앤비 숙소도 운영한다.

SHOP INFO 221 Soi Nana, Pom Prap Sattru Phai, Bangkok 10100 TEL +66 85 126 0046 OPEN 6pm – 12am, 월-수 휴무 MORE DETAILS facebook.com/elchiringuitobangkok

TEP BAR
텝 바

그래픽 디자이너 콩 캉완클라이Kong Kangwarnklai가 문을 연 텝 바Tep Bar에서는 태국의 문화를 경험할 수 있다. 나무를 이용한 인테리어와 소품들, 칵테일과 가볍게 곁들일 수 있는 태국 로컬 음식, 공간을 채우는 태국 전통음악까지, 이곳에 방문한다면 100년 전의 태국에 온 것 같은 경험을 할 수 있을 것이다.

SHOP INFO 69-71 Yi Sip Song Karakadakhom 4 Alley, Pom Prap Sattru Phai, Bangkok 10100 TEL +66 98 467 2944 OPEN 6pm – 1am MORE DETAILS facebook.com/tepbarth @tep_bar

TEENS OF THAILAND
틴스 오브 타일랜드

주류밀매점을 연상시키는 인도 양식의 문을 열면 틴스 오브 타일랜드Teens of Thailand는 포토그래퍼, 뮤지션, 믹솔로지스트가 공동 대표로 있는 진 바gin bar다. 술을 사랑하는 태국의 젊은 층을 위해 만들었다는 이 공간에서는 태국 스타일의 진 셀렉션을 선보인다.

SHOP INFO 76 Soi Nana, Pom Prap Sattru Phai, Bangkok 10100 TEL +66 81 443 3784 OPEN 7pm – 12am 일-목, 7pm – 1am 금-토 MORE DETAILS facebook.com/teensofthailand @ teens_of_thailand

NAHIM CAFÉ X HANDCRAFT
나힘 카페 x 핸드크래프트

소이 나나에서 가장 컬러풀한 공간은 아마 이곳이지 않을까. 나힘 카페 x 핸드크래프트Nahim Cafe x Handcraft는 세워진 지 수백 년이 지난 빌딩 1층에 있다. 화려한 색감의 인테리어만큼 눈길을 끄는 디저트와 귀여운 수공예 제품을 본다면 당신은 저도 모르게 발길을 멈출 것이다.

SHOP INFO 78 Soi Nana, Pom Prap Sattru Phai, Bangkok 10100 TEL +66 2 623 3449 OPEN 11am – 8pm 월-금, 9am – 8pm 토-일 MORE DETAILS facebook.com/nahimcafe. handncraft @nahimcafe.handcraft

방콕의 정서가 담긴 물건들

BOTTLE DRINKS

(왼쪽부터 시계방향으로)
MALOU TEA ATELIER
GREEN TEA ELDERFLOWER ฿100
ROSE WATER ฿100
ROOTS COFFEE
BLACK BOTTLE ฿100
HANDS AND HEART
VERY THAI BOTTLE ฿140
ROOTS COFFEE
WHITE BOTTLE ฿100

TRADITIONAL SCENTS
KARMAKAMET
ORIGINAL AROMATIC GLASS CANDLE ฿1,200
KARMAKAMET
ASIAN HERITAGE HANDMADE SOAP ฿210

TEA TIME

(왼쪽부터 시계방향으로)
LEMON FARM TEA BAG
FOUR SEASON TEA (S) ฿120
TEN THOUSANDS MILES SCENTED TEA (S) ฿120
CHIN SHIN OOLONG TEA (L) ฿220
CHIN SHIN OOLONG TEA (S) ฿120

SWEET-SMELLING

EVERYDAY KARMAKAMET
GLASS CANDLE ฿215
BODY BAR SOAP ฿145

KITCHEN WARE
BITTERMAN
APRON ฿1080

ANIMALS MOTIVE
THINGS TO MAKE AND DO
WOODEN ELEPHANT (THAI 9) ฿50
SWIMMY
ELEPHENT RING ฿450
DOLPHIN EARRING ฿450

HAND-MADE BASKETS
(왼쪽부터 시계방향으로)
HERITAGE CRAFT
BASKET ฿240
0316
COASTER ฿30
BASKET ฿120
ANYROOM
BASKET ฿35

ON THE DESK

GREY RAY
A6 NOTE + PENCIL EXTENDER (SET) ฿550
2CM PENCIL + PENCIL CAP ฿50
ECO ERASER ฿75

BANGKOK'S BEAUTY

GLA
HAIR CONDITIONER ฿435
HAIR SHAMPOO ฿435
LIP CREAM ฿285

charcoalogy™

bamboo charcoal
**DETOXIFYING
FACE WASH**

with eucalyptus and green tea

a refreshing, deep cleansing face
wash for normal to oily skin

Offers you deep-down
cleansing without drying
your skin. Bamboo Charcoal
helps remove dirt,
environmental impurities,
and excess surface oil.
Menthol and Aloe Vera
provide astringent and
refreshing effect while
toning the skin. This
foaming cleansing gel
cleans, without
leaving any pore-clogging
residue. Skin looks fresher
and healthier, feels
smoother and softer.

3.3 US FL. Oz.

charcoalogy™

bamboo charcoal
**DETOXIFYING
FACE AND BODY BAR SOAP**

with tea tree oil and green tea

Deeply cleans daily build up, dirt and
debris. Provides clear and fresh skin without
over-drying. Specially formulated for face
and body.

100 g e   3.5 Oz.

CAUTION: If product gets into eyes, rinse
with clean water. If discomfort or
sensitivity occurs, discontinue use and
consult a Physician. Keep out of reach
of children   except   under   adult
supervision.

8 858856 410069

FOR 3140058-13 PRD_CHL-BR-000TX_AW01

charcoalogy

디자인 스튜디오 그레이트 아웃도어 스튜디오는 차오프라야 강을 따라 생긴 노후된 도크 (DOCK, 건조된 선박을 바다에 띄울 수 있도록 해주는 시설)를 마법처럼 탈바꿈시킨다. 도심 에서 다소 멀지라도 밤낮없이 바쁜 도시 방콕에 지친 사람들은 그레이트 아웃도어 마켓의 매 력에 반해 꾸준히 찾는다.

[그레이트 아웃도어 마켓 THE GREAT OUTDOOR MARKET]

when 정기 마켓은 매년 12월(웹사이트 확인), 작은 행사 형태로 수시 진행 *location* 매번 다른 장소 (웹사이트 확인) *what to sell* 여러 분야의 디자인 제품, 의류, 음식과 음료 *more details* thegreatoutdoormarket.tumblr.com @thegreatoutdoormarket

방콕 파머스 마켓은 '건강한 삶을 지향하자'라는 모토로 생산자와 소비자를 직접 연결하는 플랫폼 역할을 자처한다. 2013년 3월부터 시작한 이 마켓은 지역 경제를 활성화해 지속 가능한 커뮤니티를 형성했고, 이제는 커뮤니티를 넘어서 교육, 자선 사업까지 진행한다.

[방콕 파머스 마켓 BANGKOK FARMERS' MARKET]

when 매달 첫째, 셋째 주 주말 *location* 쇼핑몰, 주로 게이트웨이 에까마이에서 실시 976/9 Sukhumvit Rd, Khwaeng Phra Khanong, Khet Khlong Toei, Bangkok 10110 *what to sell* 유기농 작물과 음식, 핸드메이드 주얼리, 의류, 수공예 제품 *more details* www.bkkfm.org @bkkfm

크리스마스가 찾아올 때쯤 열리는 윈터 마켓 페스트는 단순한 마켓을 넘어 한 해를 마무리하는 큰 축제로 자리매김했다. 다른 마켓들과는 다르게 아이들과 반려동물을 위한 프로그램과 노점이 있어 가족 단위로 즐기기에도 더할 나위 없다.

[윈터 마켓 페스트 WINTER MARKET FEST]

when 매년 12월(웹사이트 확인) *location* San Samran BRIDGE 77 On Nut Rd *what to sell* 의류, 레저용품, 아동용품, 반려동물용품, 음식과 음료 *more details* sansiri.com/wintermarketfest

뉴욕 브루클린의 플리 마켓을 떠올리게 하는 메이드 바이 레거시에는 방콕의 거의 모든 빈티지 숍이 참여할 정도로 인기가 많다. 사람들은 단순히 빈티지 제품을 사고파는 곳이라기보다 그 물건에 담긴 역사와 이야기를 공유하는 장으로 여긴다.

[메이드 바이 레거시 MADE BY LEGACY]

when 연 1-2회 *location* 매번 다른 장소 (웹사이트 확인) *admission* 120 바트 *what to sell* 패션, 리빙, 가구 등 다양한 종류의 빈티지 제품 *more details* madebylegacy.com @madebylegacy

주말에만 여는 시장인데도 방콕 최대 규모를 자랑하는 짜뚜짝 시장은 1만 개에 육박하는 상점이 26개 구역으로 나뉘어 있다. 시장의 지도를 배포할 정도로 큰 규모지만, 구역별로 상점이 잘 구분되어 있다. 짜뚜짝에 없는 것은 태국 어디에도 없다는 말이 있을 정도로 다양한 물건을 판매해 현지인은 물론 관광객들의 발걸음이 끊이질 않는다.

[짜뚜짝 시장 CHATUCHAK MARKET]

when 매주 토, 일 *location* Market, 587/10 Kamphaeng Phet 2 Rd, Chatuchak, Khwaeng Chatuchak, Khet Chatuchak, Bangkok 10900 *what to sell* 패션, 뷰티 리빙 관련 대부분 제품, 음식과 음료 *more details* chatuchakmarket.org

딸랏 롯 파이 시장은 도심과 멀리 떨어져 있는 위치 때문에 여행자보다는 현지인들의 비중이 높다. 과거 기찻길이었던 터에서 처음 열려 딸랏TALAD(시장) 롯 파이ROT FAI(기차)라는 이름이 붙여졌다. 집처럼 지붕과 벽이 이어진 플라자와 천막 시장, 식당가로 나뉜다. 방콕 현지의 분위기를 몸소 느끼고 싶다면 이곳에 들르는 걸 추천한다.

[딸랏 롯 파이 야시장 TALAD ROT FAI NIGHT MARKET]

when 매주 목-일 *location* talad rot fai, Srinagarindra 51 Alley, Nong Bon, Prawet, Bangkok 10250 *what to sell* 빈티지 의류, 골동품, 레트로풍 가구, 음식과 음료 *more details* facebook.com/taradrodfi

길가에서 마주하는 방콕의 풍경들

그림 같은 이곳의 언어, 그 안에 깃든 삶

이 모두가 영감이 되는 여행지, 그 이상의 방콕

SUAN LUANG, SAPHAN SUNG, PRA WHET

수안 루앙, 사판 성, 프라 웻

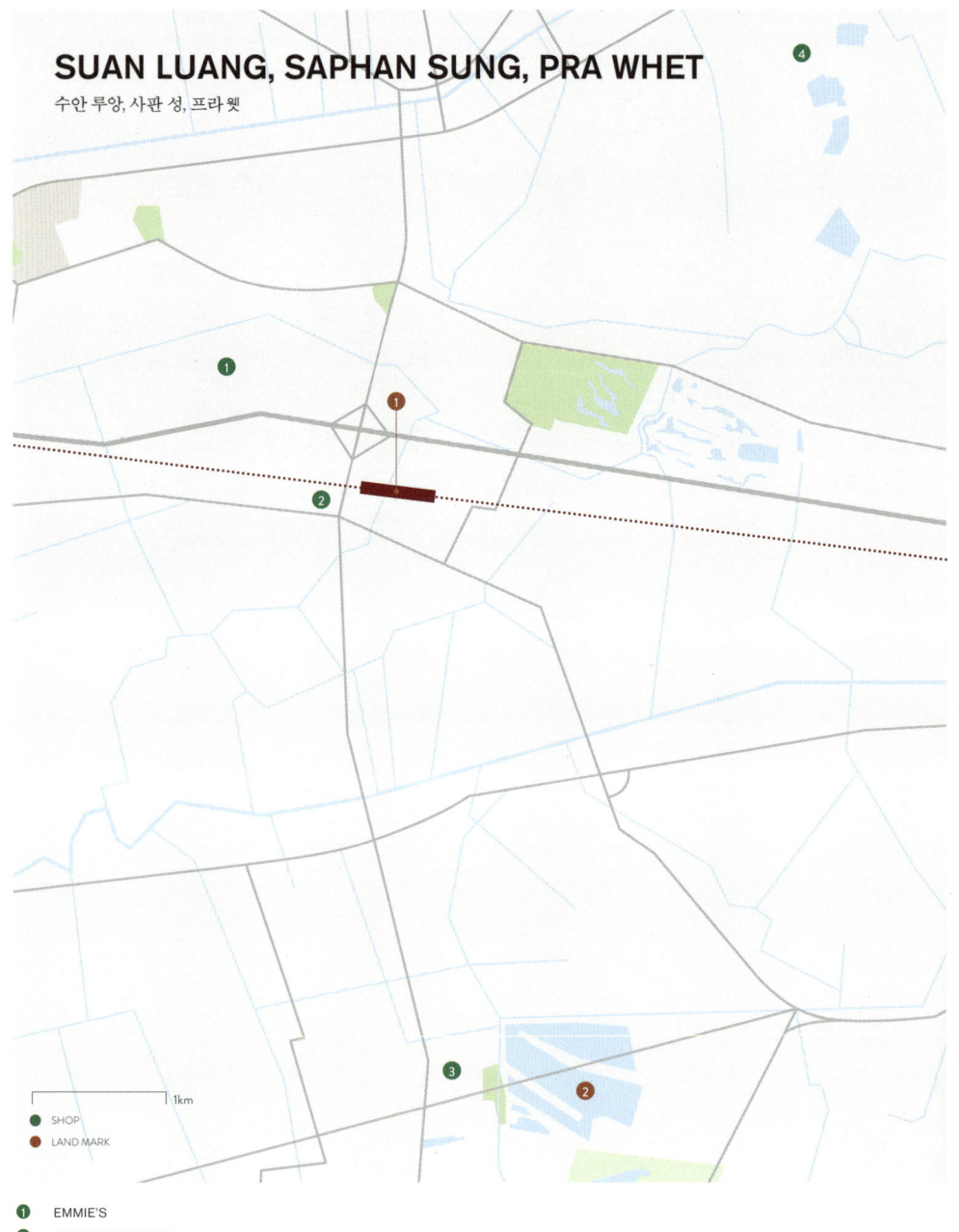

1km

● SHOP
● LAND MARK

❶ EMMIE'S
❷ HEYYYY BANGKOK
❸ TALAD ROD FAI NIGHT MARKET
❹ CRAFT BREAD
❶ BTS HUA MAK
❷ BUENG NONG BON

LIVE No. 2
LOCAL BUSINESS & TRAVEL MAGAZINE:
BANGKOK

MAP & INDEX

BANGKOK MAP

PHAYA THAI
파야 타이

ARI
아리

TALING CHAN
탈링 찬

RATTANAKOSIN
라따나코신

SIAM
시암

SOI NANA
쏘이나나

SILOM
실롬

KHLONG SAN
클롱 산

SATHON
사톤

2km

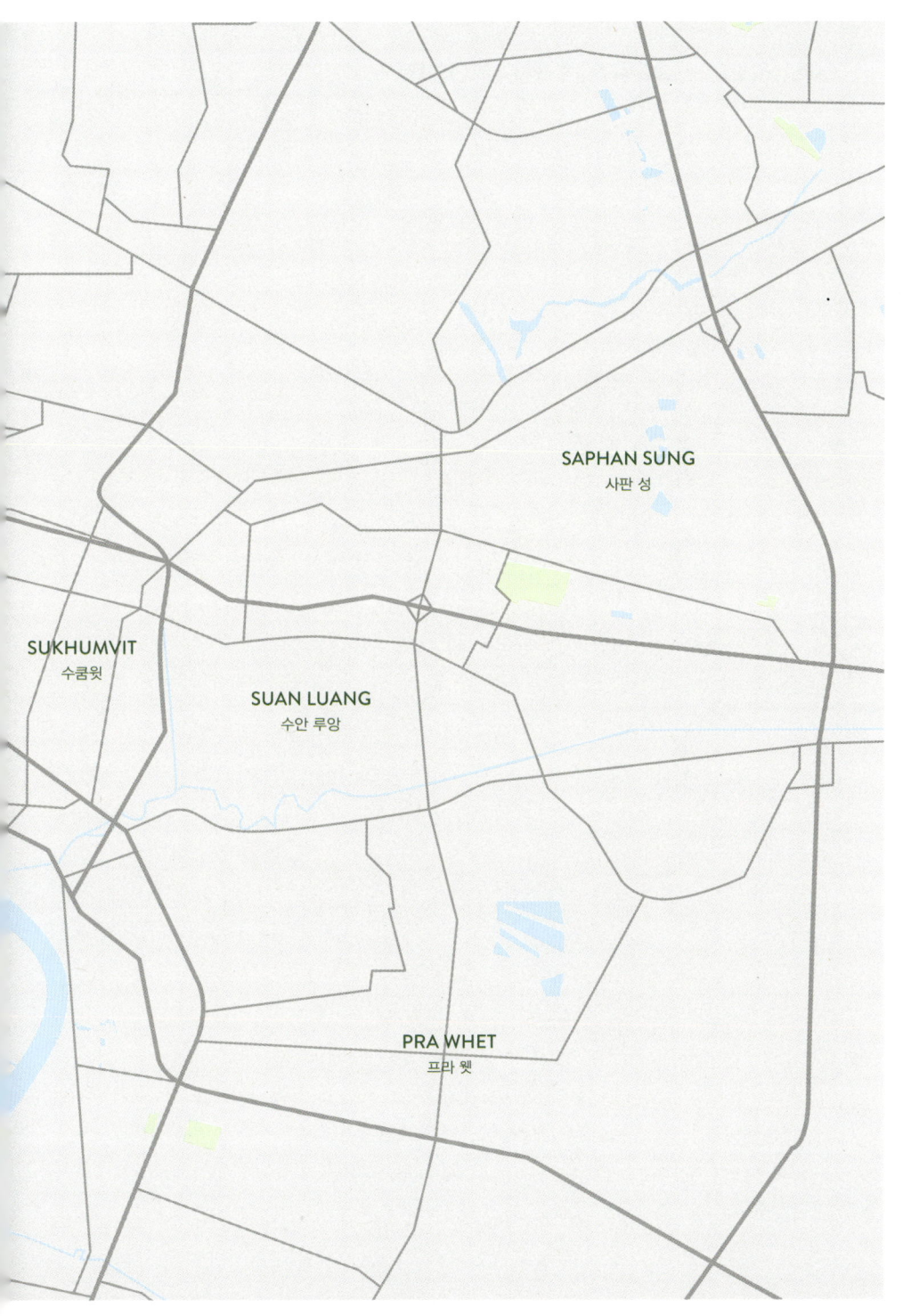

TALING CHAN, RATTANAKOSIN

탈링 찬, 라타나코신

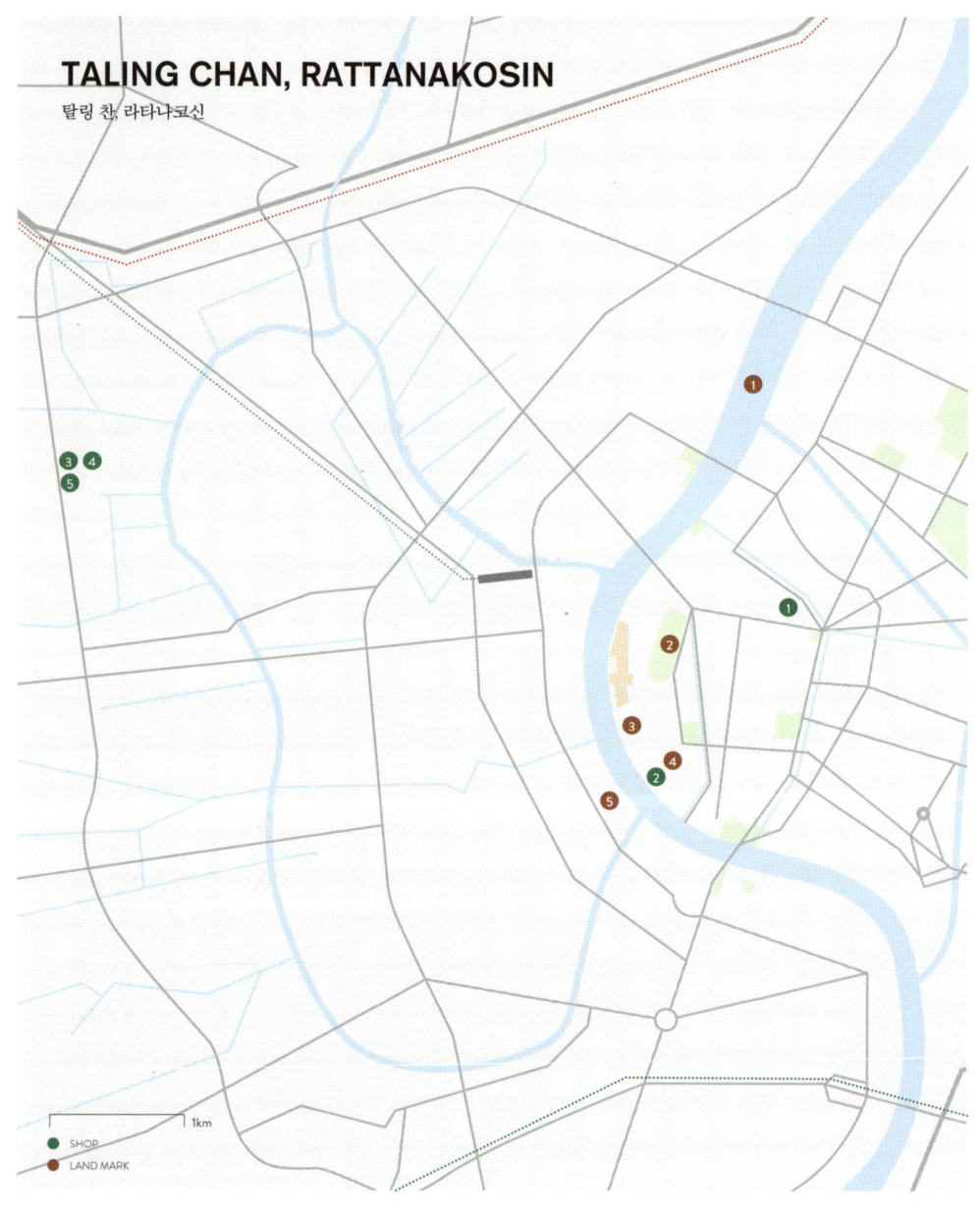

| | SHOP |
| | LAND MARK |

1km

1	PASSPORT BOOKSHOP	1	CHAO PHRAYA RIVER
2	SALA RATTANAKOSIN EATERY AND BAR	2	SANAM LUANG
3	SIMPLE DAY	3	GRAND PALACE & WAT PRA KAEOW
4	THINGS TO MAKE AND DO	4	WAT PHO
5	THINK COFFEE	5	WAT ARUN

KHLONG SAN, SILOM, SATHON

클롱산, 실롬, 사톤

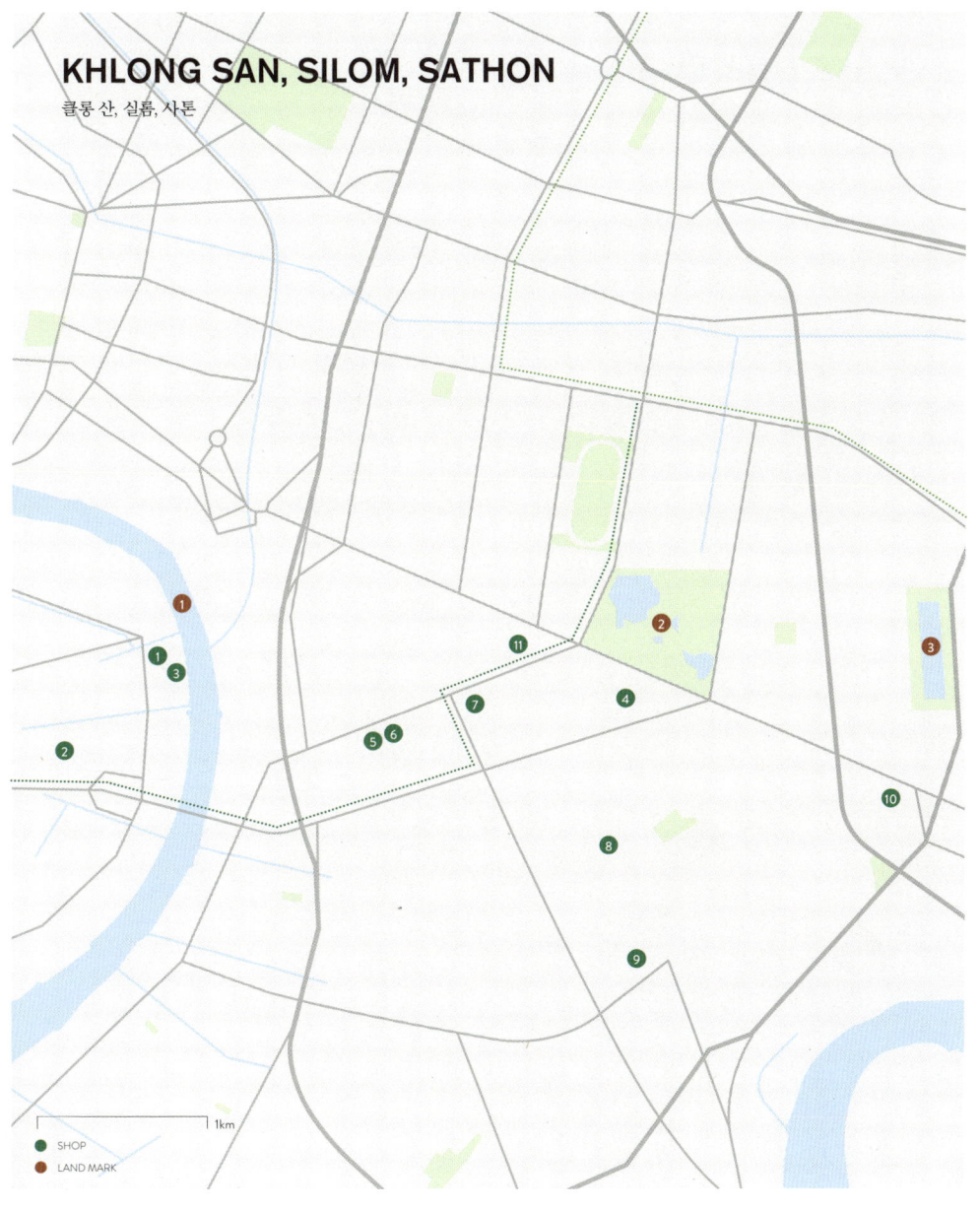

● SHOP
● LAND MARK

1km

❶	THE JAM FACTORY	❽	FATHOM BOOKSPACE
❷	J. NO 14 LODGE	❾	YARNNAKARN ART & CRAFT STUDIO
❸	THE NEVER ENDING SUMMER	❿	3NVY
❹	BITTERMAN	⓫	EVERYDAY KARMAKAMET SILOM
❺	PRINTA CAFÉ	❶	CHAO PHRAYA RIVER
❻	KATHMANDU PHOTO GALLERY	❷	LUMPINI PARK
❼	GOOD ONE HOSTEL & CAFÉ BAR	❸	BENJAKITTI PARK

PHAYA THAI, SIAM

파야 타이, 시암

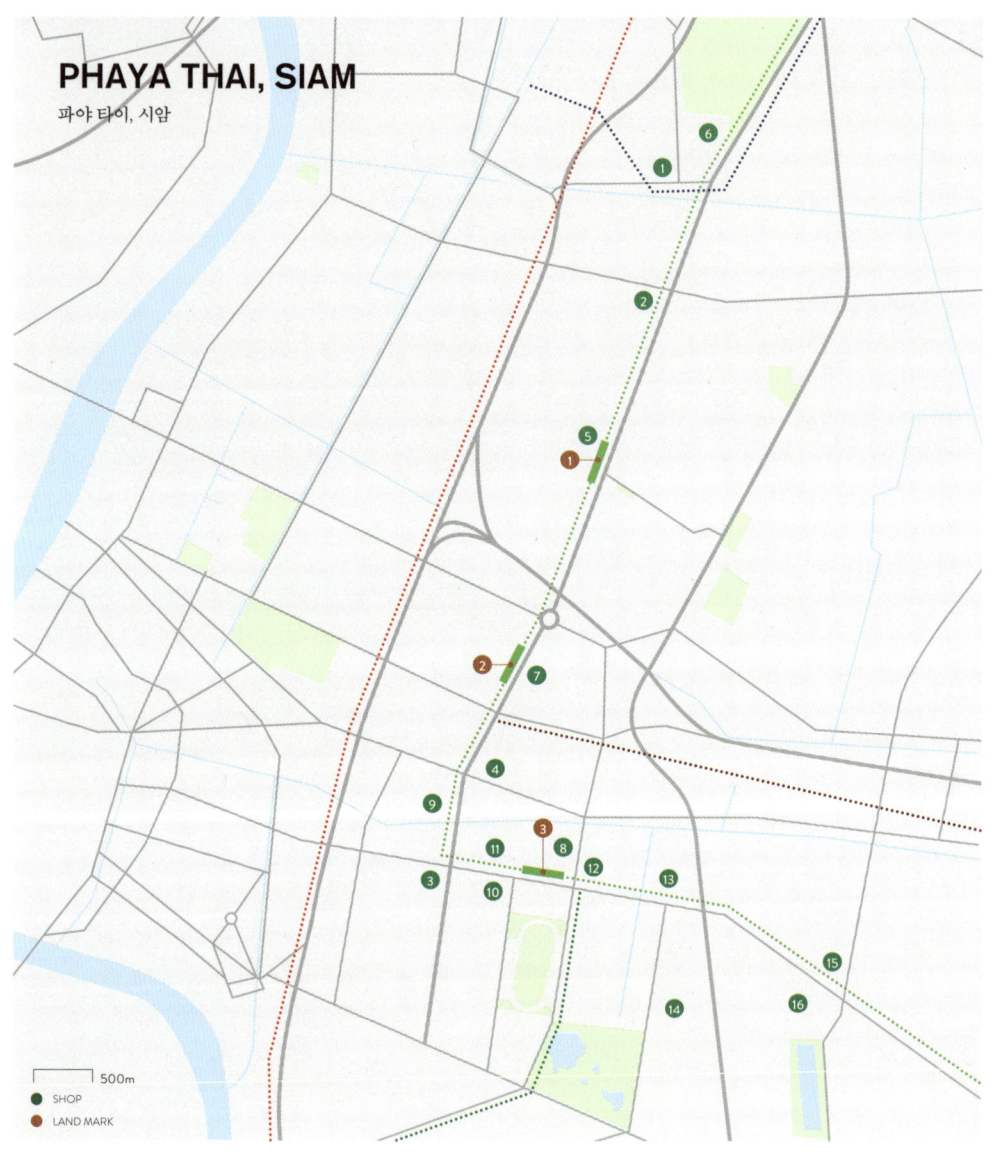

500m

● SHOP
● LAND MARK

❶	KARMAKAMET JATUJAK WEEKEND MARKET	❿	LABRADOR SIAM SQUARE ONE	❶	BTS ARI
❷	A' HOSTEL BANGKOK	⓫	EVERYDAY KARMAKAMET SIAM CENTER	❷	BTS PHAYA THAI
❸	BACC	⓬	PANPURI ORGANIC SPA	❸	BTS SIAM
❹	BOXPACKERS HOSTEL	⓭	LABRADOR CENTRAL EMBASSY		
❺	CASA LAPIN x ARI	⓮	SIMMER BY PRAHA		
❻	CHATUCHAK MARKET	⓯	LABRADOR TERMINAL 21		
❼	WIDE AND NARROW	⓰	TAILOR ON TEN		
❽	KARMAKAMET CENTRAL WORLD				
❾	CASA LAPIN x RTV				

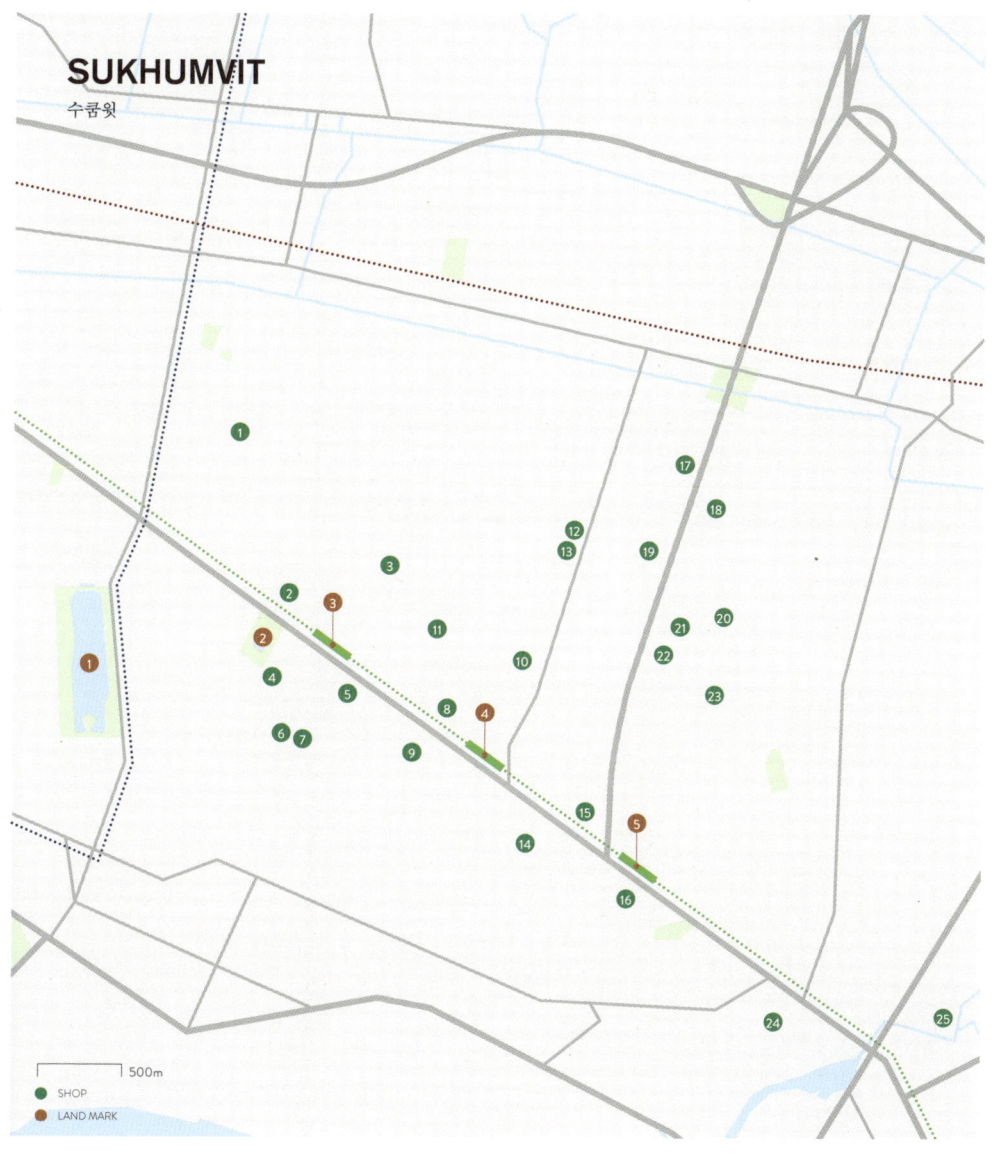

SUKHUMVIT

수쿰윗

500m

● SHOP
● LAND MARK

①	THE EUGENIA BANGKOK	⑫	THE COMMONS	㉓	MIKKELLER BANGKOK
②	ROAST EMQUARTIER	⑬	ROAST THE COMMONS	㉔	THE MUSTANG NERO HOTEL
③	PARDEN CAFÉ AND ZAKKA	⑭	HANDS AND HEART CAFÉ	㉕	WINTER MARKET FEST
④	KARMAKAMET WORLD	⑮	CASA LAPIN x MAJOR EKAMAI	❶	BENJAKITTI PARK
⑤	DASA BOOK CAFÉ	⑯	BANGKOK FARMERS MARKET	❷	BENJASIRI PARK
⑥	CASA LAPIN x26	⑰	WWA x CHOOSELESS CAFÉ	❸	BTS PHROM PHONG
⑦	ONEDAY PAUSE AND FORWARD	⑱	KAIZEN COFFEE	❹	BTS THONG LO
⑧	BROCCOLI REVOLUTION	⑲	MACHINE AGE WORKSHOP	❺	BTS EKKAMAI
⑨	SPOONFUL ZAKKA CAFÉ	⑳	ONION		
⑩	BLACK AMBER BARBER	㉑	EKKAMAI MACCHIATO		
⑪	ROCKET COFFEEBAR S11	㉒	(un) FASHION CAFÉ		

BANGKOK

DASA BOOK CAFÉ
SHOP INFO 714/4 Sukhumvit Rd, Khlong Tan,
Khlong Toei, Bangkok 10110
TEL +66 2 661 2993
OPEN 10am – 8pm
MORE DETAILS dasabookcafe.com

EKKAMAI MACCHIATO
SHOP INFO 2 Ekkamai Soi 12, Bangkok 10110
TEL +66 80 169 9824
OPEN 8am – 5pm 월-일, 8am – 2pm 화
MORE DETAILS facebook.com/ekkamaimac
@ekkamaimac

EL CHIRINGGUITO
SHOP INFO 221 soi Nana, Pom Prap
TEL +66 85 126 0046
OPEN 6pm – 12:30am 목-토, 6pm – 12am 일, 월-수 휴무
MORE DETAILS facebook.com/
elchiringuitobangkok

EMMIE'S
SHOP INFO 387, Rama 9 Soi 49, Bangkok 10250
TEL +66 97 237 9777
OPEN 8am – 10pm
MORE DETAILS @emmiesbkk

THE EUGENIA BANGKOK
SHOP INFO 267 Sukhumvit 31 (Soi Sawasdee),
Sukhumvit Rd. Klongtoey Nua Wattana Bangkok
10110
TEL +66 2 259 9017
MORE DETAILS theeugeniabangkok.com

FATHOM BOOKSPACE
SHOP INFO 572/3 Soi Sathon 3, Khwaeng Thung
Maha Mek, Khet Sathon, Bangkok 10120
TEL +66 96 935 3642
OPEN 10am – 8:30pm, 수 휴무
MORE DETAILS facebook.com/fathombookspace
@fathombookspace

GOOD ONE HOSTEL & CAFÉ BAR
SHOP INFO 439/10 Narathiwat Rd. Silom, Bangrak,
Bangkok 10500
TEL +66 2 235 3289
MORE DETAILS www.goodonehostel.com
@goodone.hostel.cafe.bar

HANDS AND HEART
SHOP INFO
Hands and Heart Cafe
33 Sukhumvit 38 Alley, Phra Khanong, Khlong Toei,
Bangkok 10110
TEL +66 2 074 2014
OPEN
Hands and Heart Cafe 7am – 7pm
MORE DETAILS facebook.com/
handsandheartcoffee @handsandheartcoffee

HEYYYY BANGKOK
SHOP INFO 2485-2487 Phatthanakan Rd. Soi
Phatthanakan 47-49 Suanluang, Bangkok 10250
TEL +66 2 321 4978
MORE DETAILS www.heyyyybangkok.com
@heyyyybangkok

THE JAM FACTORY
SHOP INFO 41/1-5 The Jam Factory,
Charoennakorn Rd., Klongsan, Bangkok 10600
TEL +66 2 861 0950
OPEN 10am – 8pm
MORE DETAILS www.facebook.com/
TheJamFactoryBangkok @thejamfactorybangkok

JOHA
SHOP INFO Samsen Nai, Phaya Thai, Bangkok
10400
OPEN 11:30am – 9pm 월, 11:30am – 9:30pm 화-일
MORE DETAILS www.facebook.com/
Johakoreanrestaurant
J. NO 14 LODGE
SHOP INFO 16 Soi Charoen Nakorn 14, Khlong Tan
Sai, Khlong San, Bangkok 10600
TEL +66 85 122 5249
MORE DETAILS facebook.com/jno14.lodgment
@j.no14

KAIZEN COFFEE
SHOP INFO 888 6-7 Ekkamai Rd, Khlong Tan
Nuea, Watthana, Bangkok 10110
TEL +66 45 312 0301
OPEN 8am – 6pm
MORE DETAILS www.kaizencoffeeco.com
@kaizencoffeeco
KARMAKAMET

ONEDAY PAUSE AND FORWARD
SHOP INFO 51 Sukhumvit Soi 26, Khlong Tan,
Khlong Toei, Bangkok, 10110
TEL +66 2 108 8855
MORE DETAILS onedaybkk.com
@onedaypauseandforward

ONION
SHOP INFO 19/12 Ekkamai Khlong Tan Nuea,
Watthana, Bangkok 10110
TEL +66 2 550 7336
OPEN 9am – 8pm 월-토, 9am – 7pm 일
Café(One Ounce) 9am – 8pm
MORE DETAILS onionbkk.com @onionbkk

PALINI
SHOP INFO
GREYHOUND
1st Floor, Siam Center
1st Floor, Siam Paragon
2nd Floor, Central Ladprao
THE SELECTED
1st Floor, Siam Center
2nd Floor, ICONSIAM
TWENTYSECOND
Siam Square Soi 2
MUZINA
Sukhumvit Soi 19
TOST & FOUND
Seenspace, Huahin
Seenspace, Thonglor 13
APRILPOOLDAY
Sathorn Soi 11
PAINKILLER
2nd Floor, EmQuartier
COLLECTIVE
1st Floor, The street
5th Floor, CentralWorld
REN
1st Floor, ISETAN, CentralWorld
DADDY AND THE MUSCLE ACADEMY
Siam Square Soi 2
ROSEMAN CLUB
Sukhumvit Soi 31
2nd Floor, Graysorn Village
One Nimman, CNX
MATTER MAKERS
1st Floor, Central Eastville
1st Floor, Mega Bangna
2nd Floor, Graysorn Village

GLOC
Ari Soi 2
THE SELECTED
1st Floor, Siam Center
2nd Floor, ICONSIAM
SIAM TAKASHIMAYA
2nd Floor, ICONSIAM
THE LAB POSHTEL & ACROSS THE UNIVERSE
CAFE
Nimman 9-11, CNX
ISLAND
2nd Floor, Lido
MORE DETAILS facebook.com/palinibangkok
@palini_bangkok

PANPURI ORGANIC SPA
SHOP INFO Central Embassy 88, Witthayu Rd,
Lumpini, Pathumwan, Bangkok 10330
TEL +66 2 011 7462
OPEN 10am – 10:30pm
MORE DETAILS www.panpuriorganicspa.com

PARDEN CAFÉ AND ZAKKA
SHOP INFO The Manor 2nd, Soi Sukhumvit39,
Sukhumvit Road, Klongton-Nua 10110
TEL +66 2 204 2205
OPEN 11am – 5pm 수-금, 12am - 6pm 토, 12pm - 5pm
일, 월-화 휴무
MORE DETAILS ameblo.jp @pardenbkk

PASSPORT BOOKSHOP
SHOP INFO 523 Prasumeru Rd, Bowornnivej,
Pranakorn, Bangkok 10200
TEL +66 2 629 0694
OPEN 10:30am – 7pm 화-목·일, 10:30am – 8pm 금-토,
월 휴무
MORE DETAILS facebook.com/
yo.noompassportbookshop

PATANI STUDIO
SHOP INFO 59 Nana, Pom Prap S, attru phai,
Bangkok 10100
TEL +66 81 985 9691
OPEN 10am – 6pm
MORE DETAILS facebook.com/patanistudio
@patanistudio

PORCUPINE CAFÉ
SHOP INFO 48 Ari 4 Fang Nua Alley, Samsen Nai
Phaya Thai, Bangkok 10400
TEL +66 2 126 7894
OPEN 10am – 10pm, 목 휴무
MORE DETAILS facebook.com/porcupineari @
porcupinecafe

TAILOR ON TEN
SHOP INFO 93 Sukhumvit Road Soi 8, (near Nana station), Khlong Toei, Bangkok 10110
TEL +66 84 877 1543
OPEN 9:30am – 7pm, 일 휴무
MORE DETAILS tailoronten.com @tailoronten

TEENS OF THAILAND
SHOP INFO 76 soi Nana, Pom Prap, Bangkok 10100
TEL +66 96 846 0506
OPEN 7pm – 12am 일-목, 7pm - 1am 금-토
MORE DETAILS facebook.com/teensofthailand @teens_of_thailand

TEP BAR
SHOP INFO 69, 71 soi Nana, Pom Prap, Bangkok 10100
TEL +66 48 467 2944
OPEN 6pm – 1am
MORE DETAILS facebook.com/tepbarth @tep_bar

THINGS TO MAKE AND DO
SHOP INFO 94 Ratchaphruek Rd., Bangkok 10170
TEL +66 80 779 6262
OPEN 10am – 8:30pm, 수 휴무
MORE DETAILS facebook.com/Things-to-make-and-do-11453065193176 @things_to_make_and_do

THINK COFFEE
SHOP INFO The Bloc Ratchapruk, Bangkok 10170
TEL +66 86 555 8789
OPEN 10am – 10pm
MORE DETAILS facebook.com/thinkcoffethailand

TOKYOBIKE
SHOP INFO 1/5 Soi. Ari 2, Phahonyothin Rd., Sam sen Nai, Phaya Thai, Bangkok 10400
TEL +66 2 117 1016
OPEN 11am – 7pm
MORE DETAILS www.tokyobike.co.th @tokyobike_th

(un)FASHION CAFÉ
SHOP INFO 1, 94/1 Soi Sukhumvit 63, Phra Khanong Nuea, Khet Watthana, Bangkok 10110,
TEL +66 94 421 2411
OPEN 10:30am – 8:30pm
MORE DETAILS facebook.com/unFASHIONVINTAGE @unfashioncafe

WIDE AND NARROW
SHOP INFO 25/5 Room F, Soi Lertpanya, Phyathai, Ratchatawee, Bangkok 10400
TEL +66 86 592 4696
OPEN 11am – 6pm 월-금, 토-일 휴무
MORE DETAILS www.wideandnarrow.co.th @wideandnarrow

WWA X CHOOSELESS CAFÉ
SHOP INFO 77 Ekkamai 21 Alley, Khlong Tan Nuea, Watthana, Bangkok 10110
TEL +66 2 006 4349
OPEN 12pm – 9pm 수-금, 10:30am – 9pm 토-일, 월-화 휴무
MORE DETAILS www.wwa.co.th

YARNNAKARN ART & CRAFT STUDIO
SHOP INFO 2;4 Soi: 4 Nanglinchi Rd. Thungmahamek Sathon, Bangkok 10120
TEL +66 89 488 0566
OPEN 11am – 7pm 화-일, 월 휴무
MORE DETAILS yarnnakarn.com @yarnnakarn

23 BAR & GALLERY
SHOP INFO 98 Soi Nana, Pom Prap, Bangkok 10100
TEL +66 80 264 4471
OPEN 8pm - 1am 화-토, 일-월 휴무
MORE DETAILS facebook.com/23-bar-gallery-777713515647423

3NVY
SHOP INFO 1246 Thanon Rama IV, Thung Maha Mek, Khlong Toei, Bangkok 10120
TEL +66 84 459 6266
OPEN 11am – 9pm 화-토, 9am – 3:30pm 일, 월 휴무
MORE DETAILS facebook.com/3nvycafe

Good-bye BANGKOK